本书由国家自然科学基金项目"以农房为核心的乡村建设：国家与农户互动的空间响应和区域差异"（42371206）支持

乡村规划设计与实践教学丛书　主编　李郇
Series of Rural Planning and Design in Practice　Edited by Xun Li

美丽红塘 共同缔造

陈婷婷　郎嵬　龙晔　著
Authored by Tingting Chen, Wei Lang, Ye Long

Co-creation of
Beautiful Hongtang Village

·广州·

版权所有　翻印必究

图书在版编目（CIP）数据

美丽红塘　共同缔造/陈婷婷，郎嵬，龙晔著． -- 广州：中山大学出版社，2025.5． -- （乡村规划设计与实践教学丛书/李郇主编）．ISBN 978 - 7 - 306 - 08416 - 3

Ⅰ．TU982.29

中国国家版本馆 CIP 数据核字第 2025QU5520 号

MEILI HONGTANG　GONGTONG DIZAO

出 版 人：	王天琪
策划编辑：	曾育林
责任编辑：	曾育林
封面设计：	林绵华
责任校对：	杨曼琪　张　照　魏　维
责任技编：	靳晓虹
出版发行：	中山大学出版社
电　　话：	编辑部 020 - 84113349，84110776，84111997，84110779，84110283
	发行部 020 - 84111998，84111981，84111160
地　　址：	广州市新港西路 135 号
邮　　编：	510275　传　　真：020 - 84036565
网　　址：	http://www.zsup.com.cn　E-mail：zdcbs@mail.sysu.edu.cn
印 刷 者：	佛山市浩文彩色印刷有限公司
规　　格：	787mm×1092mm　1/16　10 印张　225 千字
版次印次：	2025 年 5 月第 1 版　2025 年 5 月第 1 次印刷
定　　价：	50.00 元

如发现本书因印装质量影响阅读，请与出版社发行部联系调换

目　　录

编者序 ··· 1

第一章　乡村规划教育 ··· 1
第一节　乡村规划 ··· 2
　　一、规划 ··· 2
　　二、乡村规划 ··· 2
第二节　乡村规划教育 ·· 5
　　一、乡村规划教育发展历程 ·· 5
　　二、乡村规划教育转型 ·· 9
　　三、乡村规划教学变革 ·· 15

第二章　美好环境与幸福生活共同缔造 ··· 21
第一节　共同缔造的缘起 ··· 22
第二节　共同缔造的作用与切入点 ··· 23
第三节　规划结合治理 ·· 24
第四节　共同缔造融入乡村规划教育 ·· 27

第三章　教学内容 ··· 31
第一节　教学背景 ··· 32
　　一、中山大学对口帮扶工作 ·· 32
　　二、中山大学城乡规划学科实践 ·· 33
第二节　"乡村规划"课程教学计划 ·· 34
　　一、课程性质和教学目的 ··· 34
　　二、教学任务 ··· 35
　　三、实习场地概况 ··· 36
　　四、教学计划进度 ··· 38
　　五、主要参考书目 ··· 39

第三节 "村庄规划"课程教学记录 ………………………………… 40
    一、前期准备 ………………………………………………………… 40
    二、教学过程全记录 ………………………………………………… 40

第四章 红塘村发展规划 …………………………………………… 51
  第一节 云南省凤庆县凤山镇红塘村历史 ……………………………… 52
    一、历史沿革 ………………………………………………………… 52
    二、自然要素 ………………………………………………………… 54
    三、茶马古道 ………………………………………………………… 54
    四、滇红茶叶 ………………………………………………………… 57
  第二节 云南省凤庆县凤山镇红塘村现状 ……………………………… 57
    一、产业基础 ………………………………………………………… 57
    二、人口经济 ………………………………………………………… 59
    三、现存问题 ………………………………………………………… 59
  第三节 红塘村村庄规划 ……………………………………………… 61
    一、构建"美丽红塘共同缔造工作坊" …………………………… 61
    二、村庄空间布局优化提升 ………………………………………… 63
    三、产业规划 ………………………………………………………… 66
    四、近期、远期公共服务设施规划 ………………………………… 67
    五、近期、远期道路规划 …………………………………………… 68
    六、节点设计方案 …………………………………………………… 69

第五章 红塘村房前屋后设计改造 ………………………………… 77
  第一节 红塘村"四小园"制度建设 …………………………………… 78
    一、强化村"两委"制度建设保障 ………………………………… 78
    二、设立以奖代补制度 ……………………………………………… 80
    三、设立共评制度激发共建 ………………………………………… 81
    四、构建长效管理机制 ……………………………………………… 81
  第二节 红塘村"四小园"建设实践 …………………………………… 82
    一、选点 ……………………………………………………………… 82
    二、设计团队与户主确定方案 ……………………………………… 83
    三、根植乡土,在地共建 …………………………………………… 85
  第三节 红塘村"四小园"建设实践成果 ……………………………… 87
    一、杨大哥家:多样化景观与家庭聚会空间营造 ………………… 88
    二、张老师家:业态活化与生态改造 ……………………………… 89
    三、梅大哥家:自然景观的多样化改造 …………………………… 90

四、梅组长家：景观与实用功能兼具的生态设计 92
　　五、梅氏兄弟家：以兄弟和睦为主题的一体化设计 93
　　六、彭大哥家：分区营造多功能小花园 94
　　七、张大哥家：孩童嬉戏的童稚园 95
　　八、王大哥家：乡村庭院的红砖绿意 97
　　九、孙大哥家：花鸟共生的庭院美学 98
　　十、郭大哥家：盆栽打造绿美景墙 99
　　十一、公共空间优化：以小菜园提升公共环境品质 100
　第四节　红塘村"四小园"建设成效 103
　　一、形成和睦邻里关系 103
　　二、带动村民建设积极性 103
　　三、取得良好社会效益 106
　　四、规划教育与实践结合 108

第六章　思考 111
　第一节　以地方知识视角看小菜园建设 112
　　一、红塘村地方知识的来源 112
　　二、小菜园改造过程中我们所学习到的地方知识 113
　　三、关于地方知识与专家知识结合的思考 114
　第二节　小菜园·大使命 115
　　一、为什么建设小菜园？——小中见大，美美与共 115
　　二、在小菜园建设过程中发生了什么？——地方知识的根基性与开放性
　　　　.. 115
　　三、小菜园改变了什么？——以空间为抓手，重构社会关系 116
　　四、身份认知转变与思考 117
　第三节　共同缔造——空间建设重构社会关系 118
　　一、空间建设 119
　　二、社会重构 120
　　三、制度保障 121
　第四节　共同缔造模式下多元主体互动 121
　　一、多元主体，协同共治 122
　　二、关于乡村治理的思考 124
　第五节　劳动改变社会关系 125
　　一、实践作为社会关系重构的动力机制 125
　　二、共同劳动中的社会关系重构：小菜园建设的实践探索 126

结语 ··· 129

附录1　凤庆县凤山镇红塘村人居环境提升"以奖代补"实施办法 ············· 136

附录2　凤庆县凤山镇红塘村"小花园、小菜园"可持续建设推进办法（讨论稿）
　　　 ··· 138

附录3　红塘村房前屋后"小花园、小菜园"共评规则 ································ 140

附录4　红塘村农户调查问卷 ·· 141

后　　记 ··· 145

编 者 序

改革开放以来,我国创造出快速城市化的奇迹。至2021年末,我国城镇人口达到9.14亿,占总人口的64.72%,在1979年这一比例仅为17.92%[①]。然而,仍有4.98亿人居住在233.2万个村落中[②]。与因资源要素聚集而获得快速发展的城市相比,广大乡村的发展相对滞后,成为制约我国城乡融合发展的主要障碍之一。

乡村振兴是一项长期的事业。从人类社会发展的一般规律来看,城乡发展不平衡问题是世界上任何国家在现代化进程中都无法回避的问题。许多发达国家都曾采取规划建设手段,辅以各种政策措施,尝试解决乡村衰退的问题,如法国的"农村振兴计划"、韩国的"新村运动"及日本的"造町运动"等。我国乡村振兴战略提出以来,在党和政府的关切下,乡村在产业发展、生态宜居、社会文化、治理水平、村民生活等方面均取得举世瞩目的成效,村民的获得感、幸福感、安全感大幅提升。

回顾我国乡村发展历程,乡村规划的作用非常突出。例如,人民公社规划、乡镇企业规划、小城镇规划、村庄规划等,始终服务于国家重大战略。近年,党中央、国务院提出开展农村人居环境整治提升与乡村建设行动,坚持规划先行,积极有序推进村庄规划编制,发挥村庄规划的指导约束作用,确保各项建设依规有序开展[③]。突出统筹推进,树立系统观念,先规划后建设,实现农村人居环境整治提升与公共基础设施改善、乡村产业发展、乡风文明进步等互促互进[④]。

乡村规划本身具有一套完整、独立的科学体系与工作方法,但不少规划师直接套用城市规划的方法规划乡村,导致规划与传统乡土社会脱嵌、与村民日常生活脱节,引发乡村风貌被城市景观取代、乡村地方性特色流失,以及因规划不当造成的资源配置不足或不公等问题。此外,不少村庄的基础设施和公共文化设施利用率低下,且缺乏有效的管理运营机制,造成资源浪费。

乡村不同于城市,有其自身特点:其一是完整性。麻雀虽小,五脏俱全。在空间上,乡村是由山、水、林、田、湖、草等要素共同构成的完整人居系统;在时间上,乡村是在漫长的历史时期内由自然演化和社会发展而成、承载着一定秩序和伦理的栖息地。其二是地域性。我国幅员辽阔,不同区域之间地形、气候、降水、文化等都有

[①] 数据来源:《中国统计年鉴2022》。
[②] 数据来源:《中国城乡建设统计年鉴2022》。
[③] 《乡村建设行动实施方案》,中共中央办公厅、国务院办公厅印发。
[④] 《农村人居环境整治提升五年行动方案(2021—2025年)》,中共中央办公厅、国务院办公厅印发。

较大差异。村与村之间无论是宏观的山水格局、中观的聚落形态，还是微观的农房营造特质都有所不同。其三是集体性。村落是人们在长期生产生活中形成的共同体，村民之间守望相助、相互扶持，邻里协作非常广泛，共同建设了水利、桥梁、道路、宗祠等设施。其四是分散性。为适应山岳、丘陵、湖泊等自然环境，形成了大分散、小聚居的村庄格局；相应地，村庄内的各类设施，诸如污水处理池、活动小广场等，大多呈现出规模小且分散的特点。因此，对乡村进行规划，最重要的是将空间与社会相结合，对村落的自然地理、历史地理、经济地理条件进行整体考虑。乡村的特征和乡村规划的综合性对培养具备实践智慧、处理复杂实际问题能力以适应当代发展需求的规划人才提出了更高的要求。

乡村规划教育的历史可追溯到一个世纪前张謇在南通开展的探索。他提出"实业与教育迭相为用"的思想，以实业获取资金辅助教育，以教育培育人才改良实业。张謇包括其后的晏阳初、梁漱溟、陶行知等知识分子，倡导将农民组织起来，通过兴办教育、改良农业、提倡合作、改善公共卫生和移风易俗等措施，以复兴日趋衰落的乡村。他们无一例外都将解决乡村问题作为转型过程中解决社会问题的方法和手段，寻找改造中国、振兴中华的良方[1]。他们的努力有乡村规划的思想，由于时代的局限性，均以失败告终。

在以中国式现代化全面推进中华民族伟大复兴的时代使命下，高校应当走出教学和科研的象牙塔，更多地参与解决社会问题。与大多数人文/社会科学学科不同，乡村规划既不是解释性的，也不是预测性的，而是关于良好实践的学科[2]。然而，传统教学课程结构的局限、专业教育的过度细分，以及实践教育的缺失，导致规划教育与社会实践出现分离的现象。另外，社会总是发展的，对规划教育的要求也随之变化。尤其是当前，面对复杂的国际政治局势、全球性经济危机、气候变化等外部形势，以及快速城镇化导致国内城乡建设出现诸多问题，规划教育必须进行深入的思考和实质性的改革，以适应市场变化和技术进步，更好地服务国家与人民的需求。这就要求学生在接受传统的课堂教育之外，还应走向田野、走向乡村社会，不仅需要掌握相关理论，还需要培养实际操作的技能、解决问题的能力以及团队合作的能力。

为此，不少学者和业内人士开始呼吁一种理论结合实践的规划教育体系[3]。比如

---

[1] 彭秀良、王长征：《梁漱溟与乡村建设运动》，载《中国社会工作》2019年第4期，第44－45页。

[2] Friedmann J. "Teaching planning theory". *Journal of planning education and research*, 1995, 14 (3): 156－162.

[3] Baldwin C., Rosier J. "Growing future planners: a framework for integrating experiential learning into tertiary planning programs". *Journal of planning education and research*, 2017, 37 (1): 43－55. Campbell H. "Planning to change the world: between knowledge and action lies synthesis". *Journal of planning education and research*, 2012, 32 (2): 135－146. Campbell H. "Planning to change the world: between knowledge and action lies synthesis". *Journal of planning education and research*, 2012, 32 (2): 135－146.

吴良镛先生倡导"教学、科研与实践相结合"的模式①，规划师应当是有理想的实践家和改革的促进派，不仅要有艰苦奋斗的学习研究精神，也要有脚踏实地的奉献精神②。乡村规划教育变革的方向，在于三个"回归"：回归原理、回归人民、回归实践。所谓回归原理，就是回归乡村规划的基本价值观和方法论，万变不离其宗，规划师需要尊重乡村发展规律、遵循乡村规划的基本原则，以空间为缔造美好环境与幸福生活的载体；规划结合治理，建立有效的组织与资源配置体系，构建综合、统一的人居秩序与治理体系③。所谓回归人民，就是走新时期的群众路线，为村民的日常生活而规划，通过规划将村民组织起来，找到最大公约数，提升村民福祉和凝聚力。所谓回归实践，就是乡村规划要从实践中来、到实践中去，坚持问题导向、目标导向与结果导向相结合，在实践中检验并不断完善规划。崔功豪先生也强调规划教育理论与实践相结合的传统，注重在规划实践中培养学生调查、研究、综合分析的能力④。

中山大学是探索乡村规划变革的主阵地之一，地理系成立于1929年，在新中国成立初期便开始扎根乡村，主要以服务农业为目标，以划分农业区划、研究农作物布局为主要任务。20世纪60年代许学强先生等在广东各地乡村深入调研后，通过比较各类作物不同轮作方式的经济效益，科学规划农作物布局，为农业与农村发展作出了贡献⑤。2000年，设立城乡规划学科，培养地理学背景下以城乡规划为核心，多学科交融的规划人才。2012年，单独设置乡村规划课程，包含乡村规划原理与实践两门课，引导同学们扎根乡村、为村民服务。乡村规划就是要培养学生对乡村的认知、专业技能与动手能力，在乡村规划实践中获得将时间与空间相结合，以及历史、现在与未来综合思考的能力。十几年来，我们带领同学们开展调研访谈和在地设计，足迹遍及广州乃至周边地区的许多村落，诸如花都区港头村、黄浦区深井村，甚至珠海市的淇澳村，等等。时至今日，这些村落仍然留存着同学们的规划方案，村民们也对中山大学师生印象颇深。

中山大学中国区域协调发展与乡村建设研究院成立于2019年，依托住房和城乡建设部与中山大学的优势资源和研究力量，长期从事乡村规划与研究工作。早在研究院成立9年前的2010年，在时任云浮市委书记的领导下，我们便在"云浮共识"中提出"实践探索与理论创新相互促进""美好环境与和谐社会共同缔造"的倡议。将乡村规划与乡村治理相结合，通过在广东、福建、辽宁、青海、湖北和云南等全国多

---

① 吴良镛：《论城市规划教育》，载《吴良镛城市研究论文集》，中国建筑工业出版社1996年版，第204－208页。
② 吴良镛：《迎接新世纪的来临——论中国城市规划的发展》，载《吴良镛城市研究论文集》，中国建筑工业出版社1996年版，第3－20页。
③ 吴良镛：《明日之人居》，清华大学出版社2013年版。
④ 崔功豪：《情系规划忆岁月》，中国建筑工业出版社2022年版。
⑤ 雷雅钦、谢书悦：《许学强教授：克难履艰求学路，师恩难忘报国情》，https://mp.weixin.qq.com/s?_biz＝MzI1MzIxNTExMg＝＝&mid＝2247505881&idx＝1&sn＝94c9f3e4107b4714d86e9dea71737526&chksm＝e-9d57f3edea2f628160e5d31fca3dfdf9d08cb21a5052813b287aae2e8dd201254e8b1b8e2f2&scene＝27。

个省份50多个城乡社区的实践，探索出共同缔造理念下的乡村规划模式。同时，共同缔造也是规划教育创新的实践探索。对于同学们而言，共同缔造理念下乡村规划是在实践中学习的过程，是同学之间知识交流的过程，也是在乡村优美的自然环境和悠久的历史文化中陶冶情操的过程，还是培养社会责任感的政治思想教育的过程。

  本系列的三本书选取我们团队在云南省凤庆县的红塘村、塘房村以及湖北省黄梅县的渡河村开展的乡村规划共同缔造为例，作具体介绍，与读者共飨。红塘村与塘房村属于中山大学对口帮扶凤庆县的重要组成部分，自2013年起中山大学已对口帮扶凤庆12年。我们自2021年起加入帮扶行列，逐步进入红塘村与塘房村开展共同缔造工作，团队师生前后在两个村庄驻场10余次，总驻场时间100余天，驻场人次达200人以上。我们分别以小菜园和农房改造为切入点开展美好环境与幸福生活共同缔造工作，三年多时间内，在两村村民、村委以及中大规划团队的共同努力下，红塘村与塘房村的村庄面貌均焕然一新，村民社会关系日益紧密。渡河村是湖北省委、省政府确定的共同缔造试点村之一，以探索基层治理现代化路径。我们从2023年起开展共同缔造工作，引导政府资源配置与村民日常生活有效衔接，完成党群服务中心、儿童乐园、小菜园、邻里互助中心等空间的规划建设；同时将基层治理与乡村规划相结合，引导县镇村各级建立了以奖代补机制、群众议事制度、党群组织下沉制度等机制体制，有效提升了渡河村的治理水平。

  "不积跬步，无以至千里；不积小流，无以成江海。"100多年前，梁漱溟面临乡村问题，曾发出"吾辈不出如苍生何"的感叹，继而躬身入局；及至今日，乡村新的机遇和问题叠加，正如吴良镛先生在《八十回顾，一得之愚》的发言中所说，"道路还很漫长，也很艰巨，涉及社会，涉及改革，也许需要几代人努力才能完成。跬步千里，离不开点点滴滴的创造，我们肩负时代使命，工作不能懈怠，不能放弃一切创造的努力"。目前，三个村以及全国许多村的规划实践工作仍在继续，不断告诫我们规划者需要登山临水、知古论今，真正做到向自然学习、向历史学习、向村民学习。

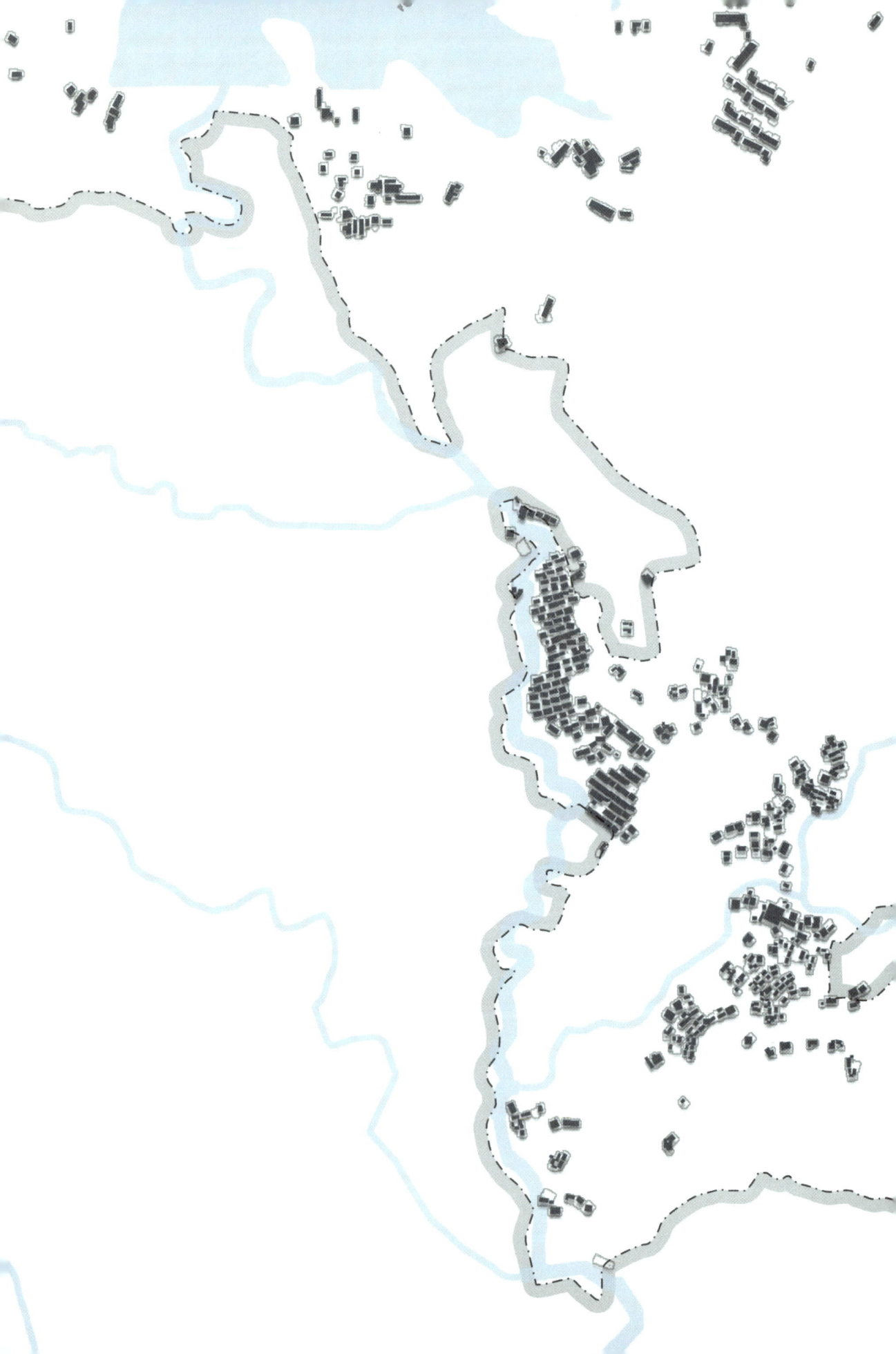

第一章
乡村规划教育

本章内容

本章主要介绍乡村规划的基本概念、乡村规划与城市规划的区别，以及中西方产融城市和乡村规划的理论的发展历程。此外，本章描述了乡村规划教育的发展历程、转型与教育模式的变革，强调乡村规划教育应以社会实践为导向，符合能力培养、"问题导向"、多学科交叉以及现代技术综合应用的要求。

第一节　乡村规划

一、规划

"规划"的思想、意识与行为源于人类对客观世界的主观认识，它是人类改变世界的一种工具和手段。"规划"一词最早见于《五代史平话·周史》："世宗乃自往视，授以规划，旬日而成，用工甚省。"此处"规划"有"筹谋策划"之意。中国古代典籍中蕴含丰富的规划思想，例如《中庸》："凡事预则立、不预则废。"《周礼·考工记》："匠人营国，方九里，旁三门。"《管子·乘马》："高毋近旱而水用足，下毋近水而沟防省。"具有现代意义的城市规划起源于英国。工业革命时期，为应对城市化带来的公共卫生、住房等严峻问题，英国于1848年颁布了第一部融入现代城市规划理念的《公共卫生法》(*Public Health Act*)。

本质上，规划是关于未来的、主动且有目的地引导人类行为以实现预期目标的过程。它与其他聚焦于当前或过去现象的学科不同，具有鲜明的未来导向性。通过全面协调的方法，规划在应对社会挑战和塑造未来发展中起着核心作用[1]。

在城乡规划学中，"规划"（planning，plan）是指：①规划过程，即确定未来发展目标，制定实现目标的行动纲领以及不断付诸实施的整个过程；②规划制定工作完成的成果[2]。

二、乡村规划

乡村规划（village planning）是对一定时期内村庄的生产生活服务设施、公益事业等各项建设的用地布局、建设要求，以及对耕地等自然资源和历史文化遗产保护、防灾减灾等工作的具体安排和实施管理[3]。

自古以来，乡村规划的核心在于梳理人与自然的关系，基于生态本底进行有序、可控的改造与利用，实现山水和谐、邻里融洽的乡村发展愿景。构建人与自然的合理秩序是中国古代乡村规划建设的重要共识，也是"天人合一"传统生态哲学的直接体现。自先秦时期经历了"居住革命"——从穴居走向人工住所以来，农村聚落的演变始终以农业生产为根基，与耕地、水系、山林等生产要素紧密依存，陕西临潼姜寨遗址即为例证。这一演变过程一方面孕育了空间要素配置的朴素理念，另一方面也形成了人类活动既要顺应自然又要改造自然的辩证思想。这正是中国传统乡村规划朴

---

[1] 孙施文：《现代城市规划理论》，中国建筑工业出版社2007年版。
[2] 城乡规划学名词审定委员会：《城乡规划学名词》，科学出版社2020年版。
[3] 城乡规划学名词审定委员会：《城乡规划学名词》，科学出版社2020年版。

素智慧的渊源。在传统规划观念下，大区域格局中的"辨形胜"（分析地形优势）为农村聚落的选址提供了依据。而在山形水势有缺陷、生产不便之时，人工规划设计的介入，使得村落的自然格局与要素布局臻于完善、协调的状态。其干预范围广泛，小至沟渠的改变、溪流的走向、水口的形成，大至圩田、苏南地区灌溉渠的形成。

吴良镛院士认为，人居环境是人类聚居生活的地方，是与人类生存活动密切相关的地表空间，是人类在大自然中赖以生存的基地，是人类利用自然、改造自然的主要场所。这种在农村聚落的小区域内，通过梳理、协调人与自然的关系而形成良好居住环境的规划思想至今仍发挥着重要作用。以广府地区为例，其村落布局深受自然环境的影响：村口一般设于大榕树下，祠堂常沿风水塘布局；同时，广府地区处于亚热带，其冷巷系统通过相互连通的开口与空间布局，为村落内部空气流通提供了多种可能性。因此，整体布局与微观空间单元的协调作用，共同形成了具有自然适应特性的广府民居村落与街区环境[1]。与此同时，西方国家的学者们同样聚焦在乡村聚落与自然环境互动关系的规划研究上。在古罗马时期，建筑师维特鲁威（Marcus Vitruvius Pollio）便提出，建设聚落选址应尽量避免多潮高寒等条件恶劣的地区。

自然是人居环境的基础，社会则是人居组织的"纽带"[2]。随着时间的推移，血缘关系、宗法等社会关系逐渐开始对乡村规划产生影响，村落布局通常以宗祠为核心形成公共活动中心。村落聚居形式是社会秩序的物质化表现，通过村落布局和公共空间的设计来强化社会的层次和权力结构。乡村规划不仅是物理空间的安排，更是社会关系的组织和秩序的体现。中国传统乡村以农耕为基础，村落规划必须服务于农业生产和资源利用的需要。农田、水源、道路等都是乡村规划中的重要元素，它们不仅要满足生产的需求，还影响着村落内部的社会分工和经济结构。乡村的合理规划有助于促进农业生产的效率，同时维持社会的稳定与繁荣。

近代，工业革命使各大城市出现无序扩张、污染严重等环境问题，一些学者开始关注乡村地区的规划与设计。例如，1898年，埃比尼泽·霍华德（Ebenezer Howard）提出了"田园城市"（garden city）的构想，主张通过城市和乡村的结合来解决过度城市化的问题[3]。伊恩·伦诺克斯·麦克哈格（Ian Lennox McHarg）在其专著《设计结合自然》中提出，规划设计中应将周围的山水自然环境纳入设计元素当中，利用自然创造和谐有序的设计环境，实现人与自然的和谐共生。约翰·奥姆斯比·西蒙兹（John Ormsbee Simonds）根据生态美学原理，将研究自然景观视为"研究人类生活空间和视觉整体"，强调自然景观在规划设计中的重要意义。城市规划师雷蒙德·昂温（Raymond Unwin）在美国开创了昂温学派，强调建筑的区位和道路的设计对产生有视觉效果的城镇设计有重要影响。

近代，随着西方科学知识和技术的传入，尤其是天主教传教士如利玛窦等人带来

---

[1] 肖毅强、林瀚坤、惠星宇：《广府地区传统村落的气候适应性空间系统研究》，载《南方建筑》2018年第5期，第62—69页。
[2] 吴良镛：《人居环境科学导论》，中国建筑工业出版社2001年版。
[3] 埃比尼泽·霍华德：《明日的田园城市》，金经元译，商务印书馆2000年版。

了天文、地理、建筑等知识,中国的知识界开始具有更广阔的全球人居视野。中西方人居文化的对比与交流为中国带来了先进的西方建筑技术和理念,但在吸收外来文化的同时,如何突出本土文化成为关键。中国在面对西方技术和理念时,不是全盘接受,而是通过融合西方的科学和技术,增强自身的文化自信,体现出对本土文化的尊重与挖掘。中国在将现代科技融入人居建设的同时,仍然保持了自身独特的文化底蕴,例如在园林设计和建筑风格中融入了传统的哲学和美学观念。这种文化自觉的意识在乡村规划中显得尤为重要。乡村规划不仅仅是技术上的空间布局,更需要深入挖掘和彰显本地文化。通过保护和传承乡村的传统建筑风格、民俗文化和自然资源,中国的乡村规划可以在全球化和现代化的背景下,保持其独特性。强调本土文化的发掘有助于让乡村在规划中展现其文化魅力,避免千篇一律的规划建设模式,从而增强乡村的吸引力和生命力。

20世纪上半叶,随着"城市病"的加剧,许多西方国家通过各种政策手段振兴乡村。例如,英国于1932年出台第一部涉及乡村地区的规划法律《城乡规划法》,将规划范围扩展到了所有土地,包括城市和乡村,甚至覆盖了自然风景保护区[1]。美国在罗斯福新政期间,通过《农业调整法》和《乡村电气化法案》等一系列农业和乡村复兴计划,试图以联邦政府政策和地方参与相结合的方式推动乡村经济和社会的发展。此时期的乡村规划不仅包括经济改革,还涉及社会结构的构建和改进[2]。"二战"后,西方农村经济社会普遍呈现衰败的景象。为振兴农村产业、保持乡村可持续发展,英国、美国和欧洲一些国家的政策从单纯的农业政策转向更广泛的综合规划,涵盖环境保护、社会不平等问题以及乡村基础设施的发展[3]。

随着环境保护意识的提高,西方国家的乡村规划理念与实践开始更加注重可持续发展。许多国家出台了相关政策,推动生态农业、乡村旅游,以及自然资源的可持续利用[4]。21世纪以来,随着全球化、城镇化的进一步推进,针对乡村地区人口流失和经济萧条的问题,西方国家通过相应政策引导、经济支持和社会参与来促进乡村地区的再发展。研究表明,单纯依靠实施经济增长的策略无法解决这一问题,还需要通过促进社会参与、信任构建和社会创新来提高当地居民的福祉[5]。

在新中国成立初期,村庄规划领域基本处于空白状态。全国农村地区主要致力于恢复生产和重建家园。新中国成立后,国家权力开始渗透到乡村。20世纪50年代初的土地改革,国家开始介入乡村管理。到50年代末,通过建立人民公社制度,国家

---

[1] 周游、魏博阳、韦泡春:《英国乡村规划空间尺度的经验与启示》,载《南方建筑》2019年第1期,第26-31页。

[2] Gilbert, J. "Rural sociology and democratic planning in the third new deal". *Agricultural history*, 2008, 82(4): 421-438.

[3] Frank, K. I., Hibbard, M., Shucksmith, M., et al. "Comparative rural planning cultures". *Planning theory & practice*, 2020, 21(5): 769-795.

[4] 巴里·卡林沃思,文森特·纳丁:《英国城乡规划》,陈闽齐、周剑云、戚冬瑾等译,东南大学出版社2011年版。

[5] Dax, T., Fischer, M. "An alternative policy approach to rural development in regions facing population decline". *European planning studies*, 2017, 26(2): 297-315.

开始对乡村进行全面规划与管理，但乡村发展进程仍比较缓慢。

改革开放后，村庄规划房屋建设从无到有，其理论基础、方法及技术标准已初见雏形。1982年召开的第一次全国农村的理念与体系工作会议明确要求全国村庄必须编制规划，并按规划进行建设。1981年国务院发出《关于制止农村建房侵占耕地的紧急通知》，同年提出了"全面规划、正确引导、依靠群众、自力更生、因地制宜、逐步建设"的农村建房方针，随后又颁发了《村镇建房用地管理条例》和《村镇规划原则》，对村镇规划做出了原则性规定，明确村镇规划分为总体规划和建设规划两个阶段。

20世纪90年代，村镇规划体系逐步确立，相关规划成果编制要求逐渐统一。1993年，建设部与国家技术监督局发布了首个村镇规划国家标准《村镇规划标准》；2000年，建设部发布施行《村镇规划编制办法（试行）》，提出村镇规划的完整成果包括村镇总体规划和村镇建设规划。但由于观念制约和规划工作的惯性，规划体系的重点长期放在城市（镇）规划上。

2004年中央一号文件重新聚焦"三农"问题，并提出了"工业反哺农业、城市支持农村"的方针。2005年党的第十六届五中全会明确将解决"三农"问题作为全党工作的重中之重，并提出了建设社会主义新农村的重大战略任务；同年，建设部出台了《关于村庄整治的指导意见》。2008年《城乡规划法》的实施首次明确把村庄纳入规划体系，实现了城市和乡村在规划立法上的统一，确立了乡、村庄规划体系的法定地位，标志着村庄规划进入城乡统筹发展期。2008年，建设部还出台《村庄整治技术规范（GB 50445–2008）》，用于指导我国村庄建设的长远发展。

在当前乡村振兴背景下，急需一套能够协调生活空间、社会空间、山水人文空间的乡村设计方法，结合现代化的生产生活需求（例如产业空间、公共设施等）以及可持续发展的内涵，借鉴乡村设计的内涵，形成一个经济发展与宜居社区建设相协调的共同参与过程。这需要村民和规划师共同努力，确保规划方案既符合美学标准，也能满足村民的实际生活需求。通过集体参与和共同缔造，村民与规划师携手构建具有本地特色的和谐美好人居环境。

第二节 乡村规划教育

一、乡村规划教育发展历程

西方国家高校城乡规划教育的发展历程与时代背景密切相关。在不同历史阶段，乡村规划教育扮演着不同的角色，呈现阶段性特征。乡村规划教育的对象、重点、措施以及教育成效等随之转变。

19世纪的农业革命孕育了乡村规划的理念雏形，其核心聚焦于优化农业产出与提升农村生活品质。随着工业革命的深入和城市化浪潮的推进，欧洲与北美的乡村区域经历了显著的社会经济变革。20世纪以来,在乡村规划中,人们开始探讨如何应对城市化进程所带来的诸多挑战。在此背景下,农民、地方行政官员以及早期的规划专家作为乡村规划教育的主要对象,共同面对城市化所带来的乡村人口流失问题,及其对农村社会结构的深远影响。此阶段教育的核心目标是:通过引入先进的耕作技术与作物管理知识,提升农业生产的效率与土地利用的合理性。相应地,由政府主导的农业技术培训与推广现代农业实践是主要的教育措施。

"二战"后,乡村规划教育形成了系统的学科框架,其教育对象得以扩展。战后重建时期,农业机械化、市场结构的调整及农业政策推动了乡村地区的快速变革,并重构了政府和农民的关系[1]。在这一背景下,乡村规划教育对象扩展至更广泛的社会科学家和政策制定者,教育重点聚焦于整合农业发展与战后重建需求,以及利用新国际贸易模式优化农村生活。政府与农民的新型互动关系亦成为教学内容的重要组成部分。

20世纪60—80年代,乡村规划教育逐渐聚焦于通过科学规划和教育手段实现可持续发展。为应对全球化带来的环境挑战和市场变革,西方国家尤其重视科技与教育的融合,以提升农村劳动力技能水平和生活质量。在此阶段,乡村规划教育的主要教育对象包括规划师、环境科学家以及政策制定者,主核心目标在于通过科技进步促进乡村生活的改善与可持续发展。其中,西欧、美国和日本等国家和地区采取了一系列有益政策与实践。美国规划协会自1979年以来持续发布《小城镇和农村规划实践指南》,强调以科学的乡村规划视角应对发展挑战。欧盟于1991年启动LEADER计划(Liaison entre actions de développement rural,农村地区发展行动联合计划),强调培育乡村人力资本、推动公民参与乡村治理、提升乡村内生发展能力的重要性,乡村领导力培训项目随之激增[2]。

进入21世纪,在可持续发展的愿景下,乡村规划教育的重点转向了乡村经济与社会福祉的协同提升。在此过程中,规划教育和实践领域愈发注重国际合作能力与跨文化交流,强调规划教育的多元性和包容性。教育对象的范围进一步扩展,涵盖了全球各地的规划师和环境管理者[3]。教育重心转向培养学生在国际舞台上的协作能力和跨文化交流技巧。为了达成这一目标,各高校不断创新教育模式,如推动学生参与国际项目、实习等,以期通过实践体验,拓宽学生的全球视野,提升其跨文化沟通技能。例如,美国普罗维登斯学院开设了社区服务课程,将社区服务与学术研究结合,为社区成员、师生及校友提供参与社区发展的平台。北卡罗来纳大学开设APPLES服务学习计划(The APPLES service-learning program),通过服务学习课程为学生和社区

---

[1] Routledge. *War, agriculture, and food: rural europe from the 1930s to the 1950s*. 2012.

[2] Madsen, W. & O' Mullan, C. "'Knowing me, knowing you': exploring the effects of a rural leadership programme on community resilience". *Rural society*, 2014, 23 (2): 151 – 160.

[3] Frank, A. I., Mironowicz, I., Lourenço J., et al. "Educating planners in Europe: A review of 21st century study programmes". *Progress in planning*, 91, no. 3 (2014): 30 – 94.

合作伙伴提供合作机会①。

我国现代城市规划学科体系建立在西方规划理论基础上并结合我国社会经济发展需要,在外来理论与本土实践的碰撞与磨合中,城乡规划教育不断调整、进步,逐渐形成了符合我国实际的规划教育体系。20 世纪 20 年代,我国系统引入现代城市规划课程,现代城市规划和管理体系由此诞生并发展。在此之前,西方规划理论主要以碎片化方式传入,内容涵盖道路工程、市政工程、学科建制等。随后,这些西方规划学科知识在我国初步被整合,并在建筑学领域广泛传播。20 世纪 50 年代,我国正式建立了城市规划教育体系,开始将物质空间形态规划与社会经济发展研究相结合。1952 年,同济大学在工学门类建筑学下设立都市计划与经营专业(城市规划专业的前身),这成为城乡规划学科发展的奠基石。20 世纪 70—80 年代,在既有的城市规划理念的基础上,我国初步构建了一个综合的城乡规划框架②。规划策略的探索、规划的不断调整、政府部门间的协同规划以及多层次空间内的试点项目曾构成早期城乡规划教育的核心实践。在此过程中,基于城乡互动政策背景,乡村规划被纳入城乡规划学综合框架中,旨在推动政府计划目标的执行和落实,但其呈现出重物质空间形态设计、轻社会调研的特征。20 世纪 90 年代后,乡村规划理论不断演进③,内容既包含了基于风水理念的物理空间规划,也融合了以人文管理为核心的方法论;乡村规划教育中也引入了生态学、环境学等相关学科的内容。

2011 年,教育部《学位授予和人才培养学科目录》增加了"城乡规划学"为一级学科,与建筑学、风景园林学共同构成人居环境科学体系。这标志着独立的城乡规划学科体系正式确立,学科重心也从传统的物质空间规划转向融入社会、经济、环境发展的"综合性规划"。事实上,早在 2000 年,《国务院办公厅关于加强和改进城乡规划工作的通知》就明确要加强小城镇和村庄规划的编制工作。而 1990 年颁布的《中华人民共和国城市规划法》已明确城乡规划包括城镇体系规划、城市规划、镇规划、乡规划和村庄规划,这标志着城市规划的研究范畴从"城"拓展到"乡村",尝试解决城乡二元结构矛盾这一阻碍我国城镇化向更高质量迈进的关键问题。相应地,学科基础也从建筑学转为城市科学④,外延不断拓展,从关注空间形态到关注规划过程、社会治理、公众参与和城乡协调等⑤。2008 年实施的《中华人民共和国城乡规划法》首次明确提出公共政策性是城乡规划的基本属性,相应地提出了以公共利益为

---

① Glazier, J., Able, H. & Charpentier, A. "The impact of 'service-learning on preservice professionals' dispositions toward diversity". *Journal of higher education outreach and engagement*, 2014, 18 (4): 177 – 198.
② 何兴华:《中国村镇规划:1979—1998》,载《城市与区域规划研究》2011 年第 4 卷第 2 期,第 44 – 64 页。
③ 邹艳丽、王璇:《我国乡村规划的理论与应用研究》,载《中国工程科学》2019 年第 21 卷第 2 期,第 21 – 26 页。
④ 本刊编辑部:《"空间规划体系改革背景下的学科发展"学术笔谈会》,载《城市规划学刊》2019 年第 1 期,第 1 – 11 页。
⑤ 侯丽、赵民:《中国城市规划专业教育的回溯与思考》,载《城市规划》2013 年第 10 期,第 60 – 70 页。

核心价值观、强调公众参与为基本途径的城乡规划工作体系①。

在当前行业变革与专业改革的新时期,高校城乡规划专业教育不仅需要重视理论知识的传授,更应注重将课程实践、劳动教育与社会服务有效结合,以培养出中国式现代化建设所急需的高素质人才。回溯历史,19世纪欧文和傅立叶的社会实验为我们提供了重要的教育启示:他们通过将劳动融入教育,强调了实践在学习过程中的重要性。19世纪初,欧文在英国新拉纳克实验中倡导社区成员积极参与劳动,通过共同的协作提升个人技能和社会责任感。他主张教育不仅是知识的传授,更是通过实践培养个体社会认同感的途径。后来在美国印第安纳州新和谐公社的实验中,社区成员通过参与共建活动,增强了对社会的认同感,并促进了人际关系的和谐。这一理念为后世教育模式提供了重要启示:实践教育应融入学生的日常学习,使学生在实际操作中体会劳动的价值。同样,傅立叶在法国大型社区法伦斯泰尔(Phalanstère)实验中,主张劳动应与人的天性和谐统一。在其理想社会中,劳动不仅是谋生的手段,更是教育的核心组成部分。他提倡的"劳作学校"(École de Travail)理念,强调通过实际工作进行教育,使学生在参与劳动的过程中提高自己的认识能力和解决问题的能力。这些思想为大学专业教育提供重要方向,促使人们反思如何在课程中有效地融入劳动实践,帮助学生能够在现实中理解和应对复杂的社会问题。

进入20世纪,世界范围内兴起了劳动教育相结合的运动。马克思主义理论对此产生了深远影响。马克思和恩格斯在《共产党宣言》中提出"把教育同物质生产结合起来"的观点,认为教育应与生产劳动相结合,实现受教育权和劳动权的统一。这一思想在全球乡村地区也得到了实践,例如泰戈尔在印度开展的乡村建设与教育结合的实验,充分体现了劳动教育的价值。他通过在乡村建立学校,倡导教育与农村实际相结合的实验,强调学生不仅要学习书本知识,还要参与乡村的建设与发展。泰戈尔认为,劳动不仅是获取知识的途径,也是培养学生社会责任感的重要方式。他的实践反映出教育应与社会发展紧密相连。在乡村地区,学生们通过参与乡村事务,认识到自身在乡村建设中的重要作用。此外,埃尔姆赫斯特与惠特尼在英国达廷顿庄园的教育实践,展示了如何将理论与实践有效结合。在"达廷顿实验"中,学生们通过参与庄园管理,将所学知识应用于实际工作中,提升了专业技能,并深化了对农业和环境保护的认识。这些历史上基于乡村规划建设的劳动教育和社会服务实践,对后世大学专业教育模式产生了深远影响。

在我国,晏阳初、梁漱溟、许仕廉、杨开道等先贤在乡村建设与教育实践方面做出了卓越贡献。晏阳初在河北定县实验中提出的乡村建设理论,强调通过教育提升农民素质,探索了劳动与教育相结合的实践路径。梁漱溟在山东邹平实验中提出"乡治方案",主张从乡村教育着手改造社会,注重文化与教育的结合他认识到乡村建设不仅需要物质支持,更需要精神引导。通过劳动教育和农田实践,培养了一大批农业科学家和专家,带动了村里的农业生产和技术创新。许仕廉和杨开道在北京清河实验

---

① 陈前虎:《〈城乡规划法〉实施后的城市规划教学体系优化探索》,载《规划师》2009年第25卷第4期,第77-82页。

中强调实践教育在乡村建设中的重要性。他们将专业教学与科学研究融合在一起，为学生提供实习场地，为科学研究提供实验场所，发展理论知识的同时，培养积极服务社会的实践人才。

新中国成立后，毛泽东同志提出"教育必须与生产劳动相结合"，并将其确立为党的教育方针。改革开放以前，学校不仅开设生产劳动课程，还组织学工、学农活动，重点在于培养正常的劳动态度、劳动观念和劳动意识，树立劳动价值观。改革开放以来，我国社会经济快速发展，不同发展阶段的重点与痛点各异，城乡问题的类型和复杂性不断增加。党的十八大以来，习近平总书记多次强调要加强劳动教育，高校应将劳动教育与社会服务融入专业课程，培养学生的社会责任感和实践能力，使学生了解社会、服务社会，在实践中锻炼能力、增长才干。劳动教育是党的一项根本教育方针的重要内容，"劳动创造人本身"是马克思主义的基本观点。党的二十大报告及党的二十届三中全会强调了社会实践教育对教育改革与发展的重要性，提出要引导学生深入实际、深入群众，理解在社会实践中学习的重要意义。劳动教育和实践教育是我国城乡规划教育的鲜明特色。

新时期对城乡规划与建设提出的新要求主要体现在以下方面：一是规划内容的转变，从增量时代的大拆大建转向以旧城更新和微改造为主的精细规划；二是规划价值取向的转变，从自上而下的"专家""精英"规划转向"以人为本"的规划，倡导公众参与[①]；三是规划目标转变，从提升物质空间转向关注空间的社会属性，强调协调多方利益主体，推动有效治理[②]；四是规划手段的转变，以城乡社区为基本单元对规划精细度提出了更高要求，规划师有必要运用参与式规划手段，深入社区，挖掘问题与需求，因地制宜、精准施策。

基于此，新时期乡村规划教育的重要任务是满足社会经济发展新阶段的需求，构建兼具城乡规划基础专业技能与多学科综合知识基础的教学体系，培养能够有效应对乡村规划现实问题的乡村规划复合型高层次人才。

二、乡村规划教育转型

1. 社会实践教育导向

实践教育在当代教育规划中占据了重要的地位，其参与主体的多元化趋势日益明显。社会实践作为实践教育的重要组成部分，是指个人或团体在现实生活中，通过参与社会活动、工作、研究等，将理论知识与现实问题相结合，以提高解决实际问题能力和社会适应能力的一种教育活动。这种教育方式强调学习者在真实社会环境中的参

---

① 吴志强、张悦、陈天等：《"面向未来：规划学科与规划教育创新"学术笔谈》，载《城市规划学刊》2022年第5期，第4页。

② 孙昌盛、张春英、胡聚山：《城镇化新常态背景下城乡规划专业知识体系和专业能力建构》，载《高等建筑教育》2019年第28卷第1期，第17–18页。

与和体验。例如,20世纪60—70年代,国外涌现了一系列以实践为基础的教育理念,包括基于问题的学习(problem-based learning, PBL)、基于项目的学习(project-based learning, PBL)、基于工作的学习(work-based learning, WBL)以及基于挑战的学习(challenge-based learning, CBL)。这些理念都强调了学习者要在实际情境中主动探索和实践[1][2]。

随着这些理念的发展和演变,社会实践的重心逐渐转向了社区,使其成为主要的教育平台。社区为学习者提供了一个更加贴近生活、更加多元和包容的环境。在社区中,学习者可以接触到各种各样的社会问题和挑战,这不仅有助于他们理解社会运作的复杂性,还能够培养他们的社会责任感和公民意识。因此,现在的社会实践正逐渐走向社区,这不仅是对传统教育模式的一种补充,更是对教育主体多元化趋势的一种响应。社区的参与和支持为实践教育提供了丰富的资源和社会网络,使得学习者能够在更加真实和多元的环境中成长发展。

美国的城乡规划教育强调理论与实践的结合,院校注重与社区的合作,通过"服务学习"(service learning)模式,将实际项目融入学生的学习过程中。这种方式不仅能让学生参与真实的社区规划项目,使他们能够在实践中运用所学知识,还能通过社会服务项目增强他们的社会责任感和服务意识。英国的城乡规划教育同样经历了较长的发展过程,并在"二战"后重建时期逐渐走向成熟。许多大学提供以实习为基础的课程,鼓励学生在实践中积累经验,其专业教学特别强调居民参与,学生通过与社区的互动,学习如何收集意见和制订规划方案,同时确保他们对当前政策框架及其实施有充分的理解。社区服务学习(community service-learning)模式是指将课堂教学与结构化社区工作相结合,将学生与社区伙伴组织起来,主张通过"实践学习""情景学习",引导学生在与社区环境互动的过程中,整合基础知识与实践技能,并增强公民责任感和个人效能感[3][4]。此教学方法能够有效提升学生的专业和实践技能,还能通过学生与社区构建紧密联系推动项目进展[5]。

在"服务学习"模式下,以"社会工作坊"为载体的多元主体社会实践被引入规划教育。"社会工作坊"作为一种规划实践教育形式,以社会公民为导向,组织学生与社区团体、非营利组织、公共机构或企业合作,开展以公众参与为导向的公共项

---

[1] Zairul, Mohd. "Introducing studio oriented learning environment (sole) in UPM, serdang: accessing student-Centered Learning (Scl) in the Architectural Studio". *Archnet – IJAR: international journal of architectural research* 12, no. 1 (2018): 241–50.

[2] Wijnia, L., Noordzij, G., Arends, L. R., et al. "The effects of problem-based, project-based, and case-based learning on students' motivation: a meta-analysis". *Educational psychology review*, 2024, 36 (1): 29.

[3] Roakes, S. L., Norris-Tirrell, D. "Community service learning in planning education: a framework for course development". *Journal of planning education and research*, 2000, 20 (1): 100–110.

[4] Levkoe, C. Z., Friendly, A., Daniere, A. "Community service-learning in graduate planning education". *Journal of planning education and research*, 2020, 40 (1): 92–103.

[5] Sen, S., Umemoto, K., Koh, A., et al. "Diversity and social justice in planning education: a synthesis of topics, pedagogical approaches, and educational goals in planning syllabi". *Journal of planning education and research*, 2017, 37 (3): 347–358.

目,并获取各方的咨询和反馈意见,从而增强学生的公民意识,特别是他们认识多元社会价值观的能力,是一种自下而上的方式①。劳伦斯·哈尔普林曾经将工作坊总结为资源(resource)—总谱(score)—评价(valuation)—实行(performance)的RSVP框架(见图1-1),该框架为如何在团队中高效地合作提供了一种方式。其周期性的特征使其可以接受每个人的投入和改变而非拒绝投入。参与工作坊的人在投入自身想法后,通过RSVP循环即能确定应该发生什么,了解行动的计划和目标,以及应该如何实现。且该循环使目标在过程中受到事件的影响而发生转移或重新评估成为可能,不会使过程无效或停止流动。这个框架中每个阶段的结果都会成为下一个阶段的资源,并且不断走向新的RSVP循环,使整体呈现螺旋上升的态势②。这种模式的优点在于,它不仅能鼓励多方参与和开放的交流,还能通过循环的结构使参与者可以在实践中不断反思和调整行动策略。这种动态的调整过程有助于锻炼学生在真实的社会情境中解决复杂问题的能力,增强对不同社会价值观的理解与包容,特别是还能够在实践教育中培养学生的社会责任感和团队协作精神。最终,这种方式为学生提供了一个持续学习和成长的平台,使他们在应对现实挑战时更加灵活和更具适应性。

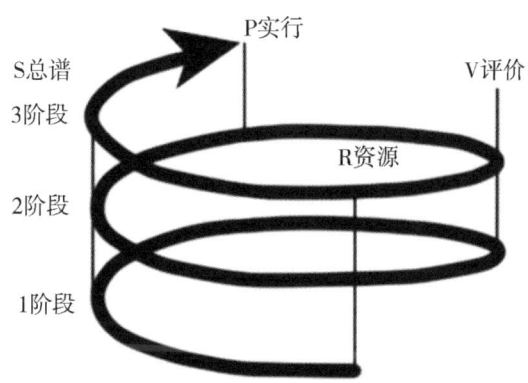

每个阶段的结果都会成为下一个阶段的资源

图1-1 RSVP循环框架示意图③

2. 复合能力培养导向

乡村规划教育培养目标正从提升单一的规划设计能力转向培养具备复合能力的综合规划人才。知识创新能力、空间创造能力、社会服务能力是规划师的核心能力。在新时代背景下,国土空间规划体系改革对规划教育培养目标进行了拓展,其中,沟通

---

① Norton, R. K., Gerber, E. R., Fontaine, P., et al. "The promise and challenge of integrating multidisciplinary and civically engaged learning". *Journal of planning education and research*, 2022, 42 (1): 102-117.

② Pidgeon, M. "Taking part: a workshop approach to collective creativity—Halprin, L., Burns J,". *Architectural design*, 1976, Vol. 46 (1): 5-6.

③ 沈瑶、周恺、焦胜等:《城乡规划学启蒙课教改实践及延展方法研究》,载《规划师》2015年第31卷第10期,第143-147页。

能力、适应能力、合作能力以及实施与管理能力显得尤为重要。

沟通能力:"沟通式规划"要求学生具备沟通互动的能力。沟通互动的能力包括:有效利用适当的媒介获取和传递信息;通过积极聆听、协商和调解,与各类人员有效互动;促进不同利益相关群体之间开放平等地对话,有效推动共识的形成。

适应能力:针对不断变化的时代背景和社会问题,需要培养具有应对突发性事件能力的规划师。随着我国城乡建设的快速发展,复杂的现实问题和治理需求不断涌现。这些问题和需求所对应的规划或解决方案,往往无法简单地被归类于任何一种法定规划或常规的非法定规划,形成了规划类型的非典型现象,现实中多依靠规划师随机应变。学生不仅要具备适应突发的市场变化或技术变革的能力,更应具备主动适应的意识。

合作能力:规划作为一门实践类学科,需要培养学生合作解决问题的能力[①]。西方悠久的城乡规划实践和理论明确告诉我们,城乡规划是一个"合作规划""协作规划"的过程。尤其是城乡统筹规划,需要不同立场的理性利益相关者共同参与规划决策。因此,培养学生的团队合作精神和协同解决问题的能力是城乡规划教育区别于纯理工科或文科类教育的特点和要求之一。

实施与管理能力:规划教育应当重视规划实施和城市经营管理方面能力的培养,以满足城乡规划作为公共政策的本质要求。在传统规划学科的设计研究能力培养的基础上,高校应进一步培养学生公共治理核心能力,包括领导和管理的能力、参与政策过程的能力、践行公共服务的能力以及沟通互动的能力。同时,需要教导学生在城乡规划编制、实施与评估决策过程中坚守职业伦理,在公共服务过程中时刻体现尊重、响应性及公平正义。

乡村规划与建设同样需要具备较高综合能力的实操人才,其应熟悉乡村社会、生态、产业、文化、土地管理法规等相关知识,掌握村镇规划与管理以及乡村建筑、景观、市政工程设计与施工管理等基本技能,能够对村庄发展定位、整体布局、规划思路、实施措施、建设项目选址,以及国土空间规划与自然资源保护开发等提出意见与建议。乡村规划与建设专业方向人才犹如"全科医生",集规划师、建筑师、园艺师、工程师的技能于一身[②]。

3. 问题导向

乡村规划教育的重点问题随社会经济发展阶段的变化而动态调整。城乡规划的学科发展与所处的发展阶段紧密相连,其规划价值观应与经济发展价值观和时代背景相适应。为适应高质量发展、新型城镇化、乡村振兴等重大战略要求,城乡规划正从"增量规划"转向"存量规划",规划教育的对象、关注议题与目标等随之转变。

---

① 周国艳:《在城乡统筹的理念下城市规划教育体制的创新策略》,载《城乡规划》2011年第1期,第77-81页。

② 吴志强、张悦、陈天等:《"面向未来:规划学科与规划教育创新"学术笔谈》,载《城市规划学刊》2022年第5期,第1-16页。

规划教育价值观正从"以发展为主导"转向"生态优先"和"以人为本"。存量规划的核心在于平衡好多元主体的利益关系,其工作过程往往要比结果更重要,统筹协调能力比方案设计能力更重要①。此外,由于城市与乡村规划的社会经济背景存在显著差异,应当在规划教育中强调这种差异。

规划教育的重点内容从理论探讨转向现实应对。乡村规划实践中常常会面临不可预见的问题。这些问题影响规划方案的可操作性、合理性、实际内容及其实施进程。因此,规划教学需强调以现实问题为导向,增强学生主动发现和解决各种新问题的意识和能力,使其具备扎实且灵活的知识体系,不仅能够处理常态规划问题,也能够处理各类非常态规划(见图1-2)。规划专业教育有义务提前帮助学生建立一种现实意识,规划不是真空下的科学实验,脱离"公共环境"的规划设计是不成熟的②。

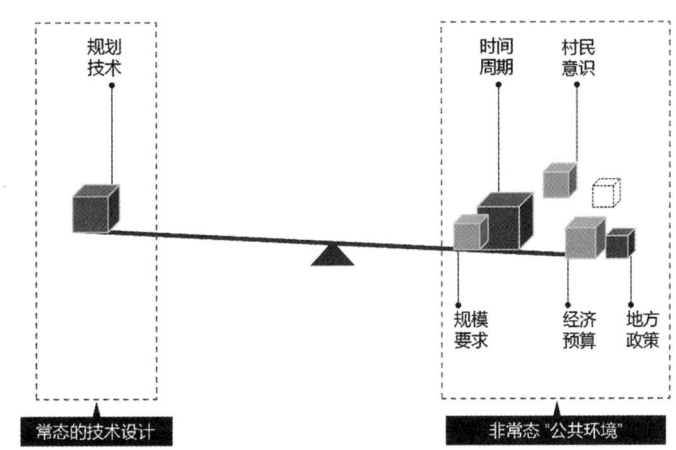

图1-2 常态技术设计与非常态"公共环境"示意图③

规划教育对象的主体从政府与专家转向村民。规划要明确以"服务谁"为重。一直以来,针对农村地区的乡村规划、村庄规划等的编制多以各级政府组织的规划竞赛为主要形式,方案往往忽视治理制度和法律背景、农村土地制度(财产和社会保障,利益纠纷,空间分割,宅基地分布特征、乡村聚落空间自组织)、村民的认知能力④。新时期乡村规划应更多考虑村民诉求,关注乡村自治特征、村民间的差异化、不断变化的利益诉求和复杂的土地权属等问题。

---

① 孙施文、石楠、吴唯佳等:《提升规划品质的规划教育》,载《城市规划》2019年第43卷第3期,第41-49页。
② 周庆华、杨晓丹:《城乡规划公共政策属性与专业教育改革》,载《规划师》2018年第34卷第11期,第149-153页。
③ 周庆华、杨晓丹:《城乡规划公共政策属性与专业教育改革》,载《规划师》2018年第34卷第11期,第149-153页。
④ 杨帆、周天扬、朱结好:《当前乡村规划问题反思与策略——以乡村规划设计竞赛为剖析对象》,载《规划师》2019年第35卷第16期,第68-73页。

4. 技术整合导向

随着 GIS（Geographic Information System，地理信息系统）和大数据分析等现代技术的发展，城乡规划教育开始整合技术工具，包括基础的计算机辅助设计、结合 GIS 与大数据空间分析。在新的国土空间规划背景下，规划对象从原有的"城、镇、村"集中建设空间，进一步拓展到全域"非集中建设空间"，规划范围从"点"到"域"，规划关注焦点"开发"与"保护"并重。这无疑要求规划专业人员有更系统的知识结构、更全面的专业技能。规划师需要具备全面、系统、多学科的背景知识，将面对范围更广、类型更多和影响因素更多的空间对象[①]，其培养也需在更广的专业领域进行[②]。为了提升规划科学性，尤其需要结合相关专业知识，应用"大智移云"等新技术并加强社会人文管理学科知识的融入。Fokdal、Čolič 和 Rodič 的研究讨论了在规划教育中通过国际合作整合可持续性的方法，形成学生中心和行动导向的教学模式，有效地将技术应用于教育中[③]。

5. 多学科交叉导向

新时期下，城乡问题不断涌现，且复杂性和综合性持续加深，乡村规划教育对多学科交叉知识的需求愈加迫切。城市和乡村均为复杂系统，作为专门研究城乡问题的学科，城乡规划从诞生之初就显露出了其独特的综合性和实践性特征[④]。在当今社会中，随着国家战略不断更新、城乡问题不断涌现、人民需求日益提高，城乡规划学科必须不断地拓展和深化其知识体系，以适应新挑战和新需要。城乡规划学科需要更加紧密地与环境学、资源科学、地理学、信息学、公共卫生学以及社会学等学科进行交叉融合。借助这些学科的先进理论和技术手段，城乡规划能够充分发挥其系统性强的学科优势，整合多方资源，并通过空间资源的优化配置，将交叉研究成果有效地应用于城市这一复杂系统的实际运作中。

同时，我们也必须认识到，面对快速变化的城市问题，学科发展往往滞后于实际需求的变化。因此，城乡规划学科需要发挥其引领作用，以综合协调的系统观念为先导，与环境科学、社会学、经济学等其他学科交叉合作，形成更全面的教育视角和解决方案，确保城乡规划能够适应并引领城市发展的方向。

综上，纵观各国城乡规划教育发展历程，不同阶段的教育重心与同时期的社会发展、国情环境和民生诉求均息息相关。国内外规划教育发展历程基本遵循从注重物质

---

① 吴志强、张悦、陈天等：《"面向未来：规划学科与规划教育创新"学术笔谈》，载《城市规划学刊》2022 年第 5 期，第 1–16 页。

② 杨贵庆：《面向国土空间规划的未来规划师卓越实践能力培育》，载《规划师》2020 年第 36 卷第 7 期，第 10–15 页。

③ Fokdal, J., Čolič, R., Milovanovič Rodič, D. "Integrating sustainability in higher planning education through international cooperation: assessment of a pedagogical model and learning outcomes from the students' perspective". *International journal of sustainability in higher education*, 2020, 21 (1): 1–17.

④ Baumber, A. "Transforming sustainability education through transdisciplinary practice". *Environment, development and sustainability*, 2022, 24 (6): 7622–7639.

空间形态设计到注重社会经济因素,再到注重生态环境、民生意愿与社会利益的转变规律;从以建筑学为基础逐步引入社会科学类基础教育。仅注重设计美学的"蓝图"规划模式在20世纪60年代末早就受到西方城市规划界的广泛批评,被认为其是"空洞""缺乏实质性内容"的。对我国而言,计划经济体制下的城市规划主要是对政府计划目标的执行和落实,这一时期的规划大多遵循"蓝图式"综合方法。而在市场经济体制下,城市规划逐渐关注土地与空间资源配置背后的社会利益关系,考虑问题的视角从政府转向大众;政府在规划中的作用有所调整,社会参与和资本参与随之兴起。规划教育方式也从技术、设计教育转向社会调研实践,规划学科逐渐整合形成独立、完善的教育体系。

三、乡村规划教学变革

随着国家发展需求的变化,我国乡村规划教学模式不断调整与创新,课程体系与培养目标不断优化。习近平总书记在经济社会领域专家座谈会上指出,新时代改革开放和社会主义现代化建设的丰富实践是理论和政策研究的"富矿",我国经济社会领域理论工作者要"从国情出发,从中国实践中来、到中国实践中去,把论文写在祖国大地上"。在乡村规划教育中,应着重把握教学与实践相结合,积极推动规划实践。

一直以来,我国城乡规划教学体系主要以城市规划教育为主。其中,早期城市规划教学主要建立在建筑学范式的基础上。当时开设规划专业的院校大部分为工科背景的建筑院校。教学内容偏向城市物质空间布局的基础原理以及规划编制专业技能训练。2011年,城乡规划升为一级学科,逐步建立起完整的学科知识体系。相应地,课程体系不断完善,基础理论广度拓宽,专业知识从建筑工程向社会、经济、环境等方面扩展[1]。乡村规划作为城乡规划与设计二级学科的重要研究方向,在工业化、城镇化、全球化背景下,其知识内容中融入了地理学、社会学等学科知识,取得显著的进展[2]。2017年,我国乡村规划教育进入城乡一体化阶段[3]。这一时期强调乡村振兴战略,旨在推动农业和农村现代化,建立和完善城乡一体化的机制和政策框架。随着多学科交叉研究的兴起,中国的乡村规划研究开始与社会学、人类学、生态学等多个学科的理论相结合,以更加综合和深入的视角探索乡村发展的根源和机制。

2013年,高等学校城乡规划学科专业指导委员会正式出版了《高等学校城乡规划本科指导性专业规范(2013年版)》(以下简称《规范》),对培养目标与规格、教学内容与课程体系、办学条件等提出了全面的指导意见与要求[4]。《规范》将城乡规

---

[1] 黄亚平、林小如:《改革开放40年中国城乡规划教育发展》,载《规划师》2018年第10期,第22-25页。
[2] 赵万民、赵民、毛其智:《关于"城乡规划学"作为一级学科建设的学术思考》,载《城市规划》2010年第34卷第6期,第49-54页。
[3] 文琦、郑殿元、施琳娜:《1949—2019年中国乡村振兴主题演化过程与研究展望》,载《地理科学进展》2019年第38卷第9期,第1272-1281页。
[4] 高等学校城乡规划学科专业指导委员会:《高等学校城乡规划本科指导性专业规范(2013年版)》,中国建筑工业出版社2013年版。

划专业的知识体系分为工具性知识体系、人文社科知识体系、自然科学知识体系和专业知识体系4个部分。其中，专业知识体系包括了城市与区域发展、城乡规划理论、城乡空间规划、城乡专项规划和城乡规划实施5个知识领域，城市与城镇化等23个知识单元以及城乡规划原理等10门核心课程（见表1-1）。乡村规划教育被纳入城乡规划教育体系中，教学内容涉及乡村自然科学知识、乡村社会科学知识以及乡村规划专业技能训练等。在教学模式上，乡村规划教育以现代规划理论课程为主线，以规划课程设计为重点，结合乡村建设实践，训练学生规划专业技能。

表1-1 城乡规划学的专业知识体系①

知识领域		知识单元		推荐核心课程（推荐学时）
序号	描述	序号	描述	
1	城市与区域发展	1	城市与城镇化	1. 城乡规划原理（128） 2. 城乡生态与环境规划（64） 3. 地理信息系统应用（32） 4. 城市建设史与规划史（64） 5. 城乡基础设施规划（64） 6. 城乡道路与交通规划（64） 7. 城市总体规划与村镇规划（128） 8. 详细规划与城市设计（128） 9. 城乡社会综合调查研究（32） 10. 城乡规划管理与法规（32）
		2	城乡生态与环境	
		3	城乡经济与产业	
		4	城乡人口与社会	
		5	城乡历史与文化	
		6	城乡技术与信息	
2	城乡规划理论	1	城市规划思想发展	
		2	城乡规划的价值观	
		3	城乡规划体制	
		4	城乡规划的类型与编制内容	
3	城乡空间规划	1	城乡用地分类及其适用性评价	
		2	区域规划	
		3	总体规划	
		4	详细规划	
		5	村镇规划	
4	城乡专项规划	1	城乡道路与交通规划	
		2	城乡生态与环境规划	
		3	城乡基础设施规划	
		4	城乡住区规划	
		5	城市设计	
		6	历史文化名城名镇名村保护规划	
5	城乡规划实施	1	城乡开发与规划控制	
		2	城乡规划管理	

① 高等学校城乡规划学科专业指导委员会：《高等学校城乡规划本科指导性专业规范（2013年版）》，中国建筑工业出版社2013年版。

当前，乡村是我国实现中国式现代化的重要阵地。深入贯彻落实乡村振兴战略重视乡村规划教育，培养乡村规划高层次人才是当前社会经济转型发展的迫切要求。相较于城市，乡村地域系统更为广阔，利益主体多元，社会关系网络复杂，传统的课程理论教学难以让学生对乡村形成切实、深入的认识，因此学生对乡村规划内涵和知识体系的理解是一个全新的过程。首先，乡村数量庞大且分布极其分散。中国现今约有260万个自然村落，分散在960万平方公里的土地上。这意味着乡村规划建设不能照搬城市集中式的建设模式，避免"一刀切"或违背农民意愿强行撤并村庄。乡村基础设施建设需充分考虑其分散性特征。其次，乡村地域特征明显，不同地域的山水格局不尽相同。不同的山水格局各具特色的乡村人居环境。中国各区域地理气候条件差异显著，形成多样化的热工分区。不同分区的建筑建造方式迥异，由此衍生的建筑风格、村庄形态和聚落体系也各具特色。此外，地域文化传统、生产生活方式及治理体系等也呈现出鲜明的地方特色。因此，乡村规划需要的是当地实际，因地制宜，探索本土化路径。最后，我国乡村地区实行土地集体所有制。这意味着与土地相关的乡村建设需要走不同于城市的建设道路。集体所有制必须以集体利益为核心，以农民为主体，发挥集体力量，激发集体经济发展的内生活力，实施"共建、共管、共治"的乡村治理模式。如何把握乡村特点、农民生产方式和生活方式，并从中探索乡村发展规律，是今后乡村规划教育的重点。

我国乡村规划实践教育主要有两种模式：①我国高校乡村振兴组织机构通过自上而下的校地合作推动实践。例如，同济大学组织了国内多所高校成立了乡村振兴高校联盟，开展云南省云龙县扶贫帮困和乡村振兴规划建设；中山大学成立了乡村振兴联合研究院，促进城乡规划、地理学、农学、海洋科学等多学科交叉融合，聚焦乡村振兴重要需求。②通过教师个人或团队，自下而上、局部、分散地参与乡村建设实践[1]。例如，同济大学袁烽团队在四川省道明竹艺村，将智能建造产业化与传统营造文化的融合创新，从在地文化、社区凝聚力、产业发展和对外联动等角度，探寻未来乡村的发展模式[2]。广东工业大学渠岩以许村、青田村为例，通过长期"艺术乡建"，探索促进乡村社会复苏、传承传统文明和传统文化的路径[3]。

在新时期，我们要转变思路，将实践教学、劳动教育与社会服务纳入高校城乡规划专业教学体系，作为培养符合时代需求的高素质人才的关键途径。在本科和研究生培养阶段，结合实践课程和实践活动，使学生们在社会实践中应用所学知识，深化对城乡规划专业知识的理解。在参与社会服务过程中，学生不仅能学习当地的专业知识，还能结合自身专业将其应用于具体的劳动实践情境中。通过对口帮扶等实践，学生在解决问题中锻炼了分析能力和创新思维，提升了应对复杂乡村规划建设挑战的能力。这种实践不仅有助于提升技能，更能培养学生的社会责任感，使其在今后的工作

---

[1] 杨贵庆：《乡村振兴战略背景下高校参与乡村建设行动的优势与启示——以浙江省黄岩区乡村振兴实践为例》，载《西部人居环境学刊》2021年第36卷第1期，第10－18页。

[2] 袁烽、郭喆：《智能建造产业化和传统营造文化的融合创新与实践 道明竹艺村》，载《时代建筑》2019年第1期，第46－53页。

[3] 渠岩：《艺术乡建 从许村到青田》，载《时代建筑》2019年第1期，第54－59页。

中更加关注社会需求,积极参与城乡建设事业。通过参与实际的乡村建设和规划设计活动,学生不仅能学会如何沟通协调和施工建设,还能体会到劳动的价值和意义。这种体验能够促使他们在未来的工作中以更加务实和负责任的态度对待每一个任务,有助于培养学生的团队合作精神。

为了更好地推进这一教育模式的发展,构建完善的体制机制尤为关键。高校应鼓励教师在教学中积极探索与地方政府、社会组织的合作模式,以增加学生的实践机会。同时,教师自身也应不断更新知识体系,积极参与实践教学,掌握最新的专业发展趋势和政策导向,从而更有效地指导学生的学习和实践。未来,在教育教学中进一步深化实践教育,推动城乡规划专业课程教学与社会服务的深度整合。在城乡规划专业教育中实践教学、劳动教育与社会服务不仅是知识传授的延伸,更是培养道德与责任感的重要途径。只有在劳动和实践中不断探索与创新,才能培养出兼具扎实专业知识和社会责任感的复合型人才,从而更好地推动我国城乡建设事业的发展。

值得注意的是,乡村规划实践教育的目的不仅是让学生参与社会实践,更要呼吁带动社会团体或个人共同参与,从而实现从外驱到内生、从供血到造血的社区(乡村)规划治理转型。例如,中山大学李郇教授推广"共同缔造"理念,以参与式规划工作方法推进广东省乡村空间建设,推进乡村治理[1][2][3]。

借鉴国外"社区服务学习"(community service-learning,CSL)理念,本书提出"乡村服务学习"概念。乡村服务学习是一种将规划教育与乡村工作结合的教学方法,强调通过乡村工作的实践学习,实现学生与乡村公共环境的互动。乡村振兴学习能够有效促进学术知识和实践技能的融合,增强公民责任感和个人效能感,培养具有复合型能力的规划人才。其核心能力包括:知识创新能力、空间创造能力、社会服务能力,以及沟通交往能力、实施能力、合作能力、适应能力等。对于乡村而言,乡村服务学习能够切实解决实际问题,有效服务乡村振兴,并建立学生与乡村多元主体的组织关系。

乡村服务学习的具体措施包括:①建立乡村社会工作坊,以工作坊为抓手,将"校园单一教学模式"转型为"社会合作办学模式";②共同出席或参与乡村基层会议;③在多方参与过程中观察并建立共识;④通过共同设计、创建乡村菜园、花园等活动进行专业与地方化知识技能的分享交流;⑤协助村委组织策划乡村活动;⑥在社交媒体中宣传。

---

[1] 王蒙徽、李郇:《城乡规划变革:美好环境与和谐社会共同缔造》,中国建筑工业出版社2016年版。
[2] Li, X., Zhang, F., Hui, E. C., et al. "Collaborative workshop and community participation: a new approach to urban regeneration in China". *Cities*, 2020, 102: 102743.
[3] 李郇、黄耀福:《美好环境共建共治共享》,载《城乡建设》2021年第21期,第30-33页。

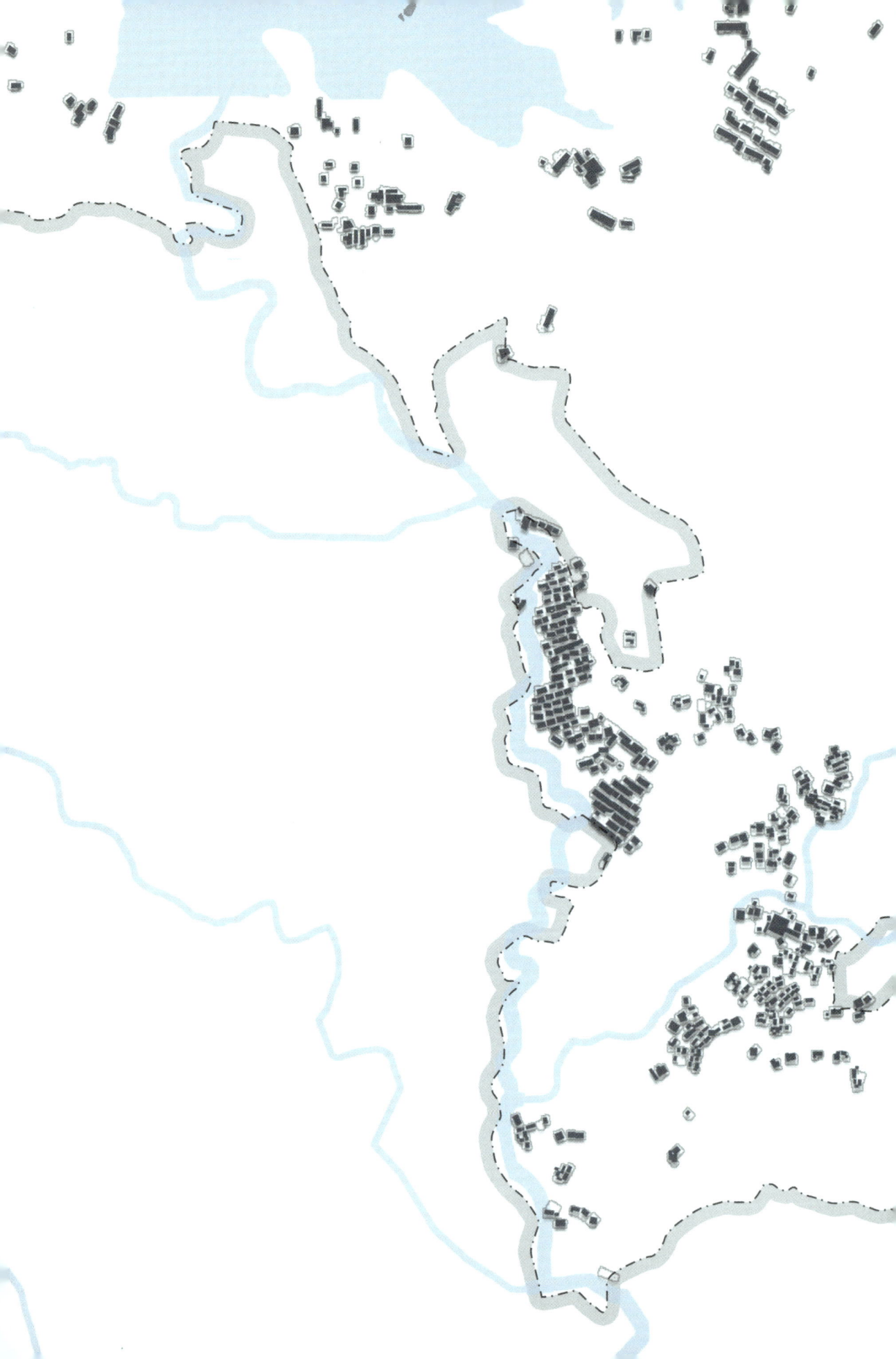

第二章
美好环境与幸福生活共同缔造

本章内容

本章主要介绍"美好环境与幸福生活共同缔造"的内涵、起源与作用，强调了规划结合治理的重要性。本章详细介绍了美好环境与幸福生活共同缔造"纵向到底、横向到边、共建共治共享"治理体系，在实际中的实施方法及其对村民参与的带动作用和村庄凝聚力的增强作用。本章还讨论了共同缔造与规划教育实践的结合，展示了实践教学如何在推动乡村建设中发挥关键作用。

美好环境与幸福生活共同缔造（简称"共同缔造"）以自然村为规划基本单元，以改善群众身边、房前屋后人居环境的实事、小事为切入点，以建立和完善全覆盖的基层党组织为核心，以构建"纵向到底、横向到边、共建共治共享"的治理体系为路径，发动群众"共谋共建共管共评共享"，建设和美乡村，凝聚社会共识，塑造共同精神。

第一节 共同缔造的缘起

"美好环境与和谐社会共同缔造"以吴良镛先生的人居环境科学理论为基础，在实践中不断深化和探索，也是人居环境科学研究的延伸。早在1989年出版的《广义建筑学》中，吴良镛先生便基于美好建筑环境与美好社会理想的关系，对美好环境共同缔造做出初步解析："美好建筑环境是与美好的社会理想共同缔造的，它是种种社会理想和社会建设的结合点"[①]。1999年，吴良镛先生在国际建筑协会第二十次世界建筑师大会上，再次发出"美好的建筑环境与美好的社会同时缔造"的倡议，提出"人类美好的世界不能脱离美好的建筑环境而存在，美好的环境秩序是良好的社会秩序的反映"[②]。2001年，吴良镛先生在其《人居环境科学导论》中进一步指出，"人居环境建设不仅是建立人与自然和谐关系的过程，也是建立人与人和谐关系的过程，人创造人居环境，人居环境又对人的行为产生影响"[③]。这表明人居环境建设的核心是以人为本，没有人与人之间的和谐共处，人居环境的美好将无从谈起。由此可见，美好人居环境与和谐社会应共同发展。

2009年，时任广东云浮市委书记王蒙徽提出以科学发展观为指导思想，以人居环境科学为理论基础在云浮进行人居环境实验。云浮市位于广东省西北部，是连接珠江三角洲地区与西南地区的重要通道。云浮地理环境独特，生态环境良好，且农村人口较多，经济发展相对滞后。基于云浮的发展问题、发展条件及外部发展机遇，"云浮实验"确立了如下行动框架：以实现人居环境愿景为核心，扩展县域主体功能，完善社区建设指引，实施美好环境与和谐社会共同缔造行动纲要。通过"美好环境与和谐社会共同缔造"的行动实践，取得了显著成效[④]。

2010年6月，云浮市与中国城乡规划协会、住房和城乡建设部城乡规划司、清华大学人居环境研究中心、广东省住房和城乡建设厅联合举办了"转变发展方式，建设人居环境"研讨会，进一步明确了这一发展路径，会议最终形成并通过了《美好环境与和谐社会共同缔造：云浮共识》（简称《云浮共识》）。《云浮共识》提出，

[①] 吴良镛：《广义建筑学》，清华大学出版社1989年版。
[②] 武廷海：《吴良镛先生人居环境学术思想》，载《城市与区域规划研究》2008年第1卷第2期，第233-268页。
[③] 吴良镛：《人居环境科学导论》，中国建筑工业出版社2001年版。
[④] 王蒙徽、李郇、潘安：《云浮实验》，中国建筑工业出版社2012年版。

在城乡规划建设中要坚持以人为本，推动经济、社会、文化、生态等多方面的统筹发展，通过政府引导、群众主体和多方参与，营造一个既促进经济发展，又维护生态环境的城乡建设模式[1]。《云浮共识》的核心在于将理论与实践相结合，探索可持续发展的人居环境建设模式，并在全国范围内进行推广。《云浮共识》的形成历程是结合云浮独特的市情，逐步探索出一条可持续的城乡发展道路，并将广泛的社会参与融入理论实践中，推动了城乡规划领域的创新和发展[2]。

2021—2022年，中国共产党中央委员会办公厅和中华人民共和国国务院办公厅相继发布了关于农村人居环境整治和乡村建设的重要文件，为打造优质生活环境和提升乡村居民福祉提供了详尽的战略指导。《农村人居环境整治提升五年行动方案（2021—2025年）》明确指出美好环境与农村居民生活质量紧密关联，并强调乡村振兴战略中改善农村人居环境的重要性。该方案倡导实施一系列基础设施改进措施，包括但不限于农村厕所革命、生活污水治理和垃圾处理，以及全面提升村容村貌。其目标是到2025年，通过上述措施显著优化农村人居环境，达成建设生态宜居美丽乡村的宏伟目标。

2022年发布的《乡村建设行动实施方案》着重强调了乡村建设在全面推进社会主义现代化进程中的核心地位，明确指出"在乡村建设中深入开展美好环境与幸福生活共同缔造活动"。该方案提出，应以满足农民群众对美好生活的向往为出发点，以普惠性、基础性、兜底性民生建设为重点。方案涵盖了加强乡村规划建设管理、保护和传承乡村特色、注重资源节约和绿色建设以及推动农村基础设施和公共服务体系的建设提升等多个方面。同时，该方案也明确了政府引导与农民参与的协同机制，以确保各项措施的有效落实，最终提升农民的幸福感和安全感。两份文件共同凸显了乡村建设中的互动合作以及乡村规划和建设中的人文关怀。它们旨在通过提升农村基础设施和环境质量，实现农村与城市的和谐共生，进而增进农民福祉和提升生活品质。

第二节 共同缔造的作用与切入点

美好环境与幸福生活共同缔造在村庄发展中起到了关键作用，有效解决了资源有序流动和合理配置问题。通过村庄内部广泛的参与，规划团队不仅能够更好地识别和利用本地资源，避免资源浪费，还能使资源配置更加符合村民的实际需求。这种自下而上的参与模式提升了乡村规划与建设项目的适应性与有效性，确保了资源得到最合理的配置与使用。

与此同时，村民的广泛参与增强了他们对村庄的归属感和对项目的满意度，进而

---

[1] 王蒙徽、李郇、潘安：《建设人居环境 实现科学发展——云浮实验》，载《城市规划》2012年第36卷第1期，第24–29页。

[2] 王蒙徽、李郇、潘安：《云浮实验》，中国建筑工业出版社2012年版。

强化了村庄内部的凝聚力。通过让村民直接参与到决策和实施过程中激发其主人翁意识，村庄内部关系更加紧密，形成了村庄发展的强大合力。对于与村民生活息息相关的"小事"，如村庄基础设施和公共空间改善等，村民参与的积极性得到充分提高。村民对村庄发展的兴趣和热情显著提升，推动了村庄整体发展水平的进步。

共同缔造的实践使村庄治理结构产生了显著变化。通过问计于群众，激发了村庄的内生动力，打破了传统的治理思路与认知。从规划、实施到后续的管护，村庄建设的每个阶段都离不开村民的积极参与[1]。全流程的群众参与，不仅确保了村庄建设项目符合村民的实际需求，还为项目的持续运行和后期维护提供了有力保障。

共同缔造以和美乡村与完整社区为基本单元，以村民身边的日常生活小事为切入点，坚持问题导向，充分听取村民意见，尊重村民意愿，从村民可知可感的实事小事和房前屋后公共空间入手，真正摸清和解决群众的"急难愁盼"问题。首先，房前屋后的改造与建设，能够激发村民参与村庄建设的热情。家家户户的共同付出，有效提升了村庄的整体景观，营造出整洁、卫生、优美的环境。这些微小空间的改造，包括花圃、院落的美化，小菜园、小花园、小果园等绿化设施的完善，以及便民设施的建设，不仅改善了村庄的居住环境，还凝聚了村民的力量，为基层组织的管理工作奠定了良好的基础。

其次，街头巷尾是村民互动的重要场所。通过对现有空地和闲置空间的有效利用，打造出可供休闲、运动、聚会等的多样化公共空间，有助于营造良好的村庄氛围，增强村民的认同感。街巷空间的更新，如老旧、狭窄的步道升级为功能齐全的绿道、步道、自行车道等，不仅提升了村庄的基础设施水平，也改善了周边环境，进一步提高了村民的生活质量。

最后，公共空间的建设更是村民共同缔造的重点领域。村民通过提出设想与建议，参与方案的拟订以及提供人力、物力和财力支持，深度参与到公共空间的共建过程中。无论是对传统公共空间的维修与改造，还是对新增公共空间的建设，村民都在其中找到了归属感和认同感，并通过积极参与建设形成了强大的凝聚力。由村民共同缔造的公共空间，因更贴近实际需求，往往更具代表性和生命力，进一步增强了村民对村庄的认同感和集体意识，推动了村庄整体的持续发展。

第三节　规划结合治理

美好环境与幸福生活共同缔造按照"纵向到底，横向到边，共建共治共享"的社会治理体系实施。

"纵向到底"指共同缔造通过发挥基层党组织的引领作用，促进自上而下和自下

---

[1] 李郇、刘敏、黄耀福：《共同缔造工作坊：社区参与式规划与美好环境建设的实践》，科学出版社2016年版。

而上的互动,实现共建共治共享。让党组织和政府服务进驻自然村,一是实现党的领导纵向到底,把党支部(党小组)建到基础治理单元,向上与村党组织对接,向下与村民小组、党小组、党员中心户衔接,做到群众居住区域的党的组织全覆盖,使党的领导扎根到村庄,让党员能人发挥带头作用,使党组织成为社区治理的领导核心。二是推动政府服务纵向到底,把政府的服务、资源、平台下沉到乡镇、村一级,让基层有能力、有资源服务村民。具体做法有:①深化资源保障下沉。将基层治理迫切需要且能有效承接的审批、服务、执法等权限下放到乡镇。②深化基本公共服务下沉。建立村级社区综合服务社,开展多种形式帮办、代办服务,做到群众办事不出村。③推动助办、掌上办、远程办服务下沉。推动远程医疗、远程教育等服务延伸到乡镇、村。这种模式不仅有助于更好地管理和维护社区设施,还能促进社区内部的和谐,确保规划活动能够持续且有效地改善居民的生活环境。

"横向到边"旨在把每个村民都纳入以党组织为领导、以经济合作社为代表的社会组织中,进行社会治理事务的共同协商和统筹管理[1];通过培育经济和社会组织连接群众,形成人人关心和参与乡村治理的局面。吴良镛先生提到:"人居环境的核心是人,是最大多数的人民群众。人居环境与每个人的利益密切相关,创造有序空间与宜居环境是治国安邦的重要手段。"美好环境与幸福生活共同缔造提倡将自然村作为基本单元,鼓励村民直接参与到规划与实施过程中。这种参与不仅提升了自己生活环境的控制感和满意度,还增强了村庄的凝聚力。通过村民的主动参与,可以更精确地识别和响应其对美好生活的具体需求。共同缔造是要把每个村民都纳入一个或多个组织,使其在组织中找到位置并增强其归属感,搭建平等的参与平台,从而使村民共同商议改善方向,探讨资金筹措等。

"共建共治共享"则是通过"决策共谋、发展共建、建设共管、效果共评、成果共享"("五共"),打通群众参与美好环境与幸福生活共同缔造的渠道,真正发挥居民群众的主体作用,从而加强基层协商民主,有效解决强迫命令过多、与群众沟通不足等问题[2]。

具体而言,在乡村规划中,"决策共谋"是拓宽政府与群众交流通道的重要手段,也是形成规划共识的核心步骤。因此,进行乡村规划必须把重点放在倾听村民诉求、汇集村民智慧上,从而共同解决乡村规划和发展过程中面临的问题。对于当前我国城乡建设中"政府干,群众看"现象,群众满意度往往不高,其主要问题便是缺少共谋。决策共谋能把做的工作进一步聚焦到群众所思所想上。通过共谋形成共识,有助于找到最大公约数,找到解决问题的最佳方案,形成发展共识,进而转化为行动方案。

"发展共建"不仅能为乡村规划项目的顺利推进与实施提供保障,也是鼓励村民

---

[1] 李郇、刘敏、黄耀福:《社区参与的新模式——以厦门曾厝垵共同缔造工作坊为例》,载《城市规划》2018年第42卷第9期,第39-44页。

[2] 黄耀福、郎嵬、陈婷婷、李郇:《共同缔造工作坊:参与式社区规划的新模式》,载《规划师》2015年第31卷第10期,第38-42页。

自发维护和管理村庄环境的基础。村民对自己参与建设的空间与环境，更具自发管理与维护的意愿，这为村庄环境后续管理与维护奠定了良好的基础。因此，应坚持以群众为主体，汇聚各方面力量共同参与建设；从房前屋后做起，从合作社做起，鼓励群众以出资、出力、出地、出点子等方式积极参与到发展共建活动中；在具体项目建设环节，鼓励村民投工投劳、就地取材开展建设，积极推广以工代赈方式，帮助更多农村低收入群体就地就近就业。

"建设共管"是确保乡村规划成果得到长期维护和管理的关键。乡村规划始终秉承建设和管理并重的原则。在我国，共管是一种传统做法，20世纪70年代的"门前三包"便是最早的共管模式，其要求临路（街）所有的单位、门店、住户都要维护、管理好房前屋后环境。建设共管解决了"有人建、没人管"的问题。在完成空间与环境的共建行动之后，需要建立设施管理的长效机制，体现"建设、管理并重"的原则。这种共管机制确保了村庄建设不止于项目的完成，而是能够长期实现自我管理、自我维护，为村庄的长远发展提供制度保障。

"效果共评"是乡村规划项目实施后的重要反馈机制，是必不可少的重要环节。通过组织群众和社会各方面力量对项目建设、活动开展的实效进行评价和反馈，持续推动各项工作改进，提高群众的满意度。共同缔造的目的在于提高群众的获得感、幸福感和满意度，满足人民对美好生活的向往。通过对阶段性工作的总结与评价，能够了解现阶段工作的成效与不足，可将其作为完善下一阶段行动计划的依据，形成一个完整的行动闭环。通过共评建立考核机制，奖励先进、激励后进，为共同缔造建立起长效的激励机制，进一步激发群众和组织的参与热情。

"成果共享"是美好环境与幸福生活共同缔造的价值和根本目的，也是乡村规划的最终目标。共同缔造可以使共建的成果最大限度地惠及全体群众，满足人民群众对美好生活的不断向往。共享指明了共同缔造的本质内容，让全体居民能够共享美好环境与幸福生活，"让良好生态环境成为人民生活的增长点，成为经济社会持续健康发展的支撑点，成为展现我国良好形象的发力点"。成果共享要求全体村民平等享有齐备设施与服务，平等享有村庄的经济发展活力与产业收益，平等享有良好的精神风尚与温馨友好的村庄氛围。成果共享需要使用规则的保障；共享的前提是不能随意损坏村庄公共环境、占用村庄公共空间，并自觉遵守村庄环境卫生、停车管理、自治公约、物业管理公约等准则。

综上所述，"五共"是在乡村规划与建设层面发挥居民主体作用、组织群众的具体方法，是乡村规划工作的顺序，具有相互因果关系：要在共谋中形成共识，在发展中形成共建，在建设后形成共管，而后通过共评形成闭环，最终共享美好环境和幸福生活。对乡村规划而言，村民是最能了解自己现实需求的人群，他们更愿意建设、珍惜和爱护自己创造的美好环境，并在集体劳动中享受共同缔造的过程，评价共同缔造带来的成效。

第四节 共同缔造融入乡村规划教育

新中国成立至今，我国空间规划一直是促进经济和社会发展、执行和落实国民经济与社会发展计划的一门实践科学。在追求美好环境与幸福生活的道路上，规划的实践导向尤为关键。在乡村建设的具体实践中，需要统筹考虑多方主体、多种要素以及不同的时间节点。这意味着，不仅要关注当下的建设需求，还要着眼于未来的发展蓝图。通过分类推进、有序实施，才能确保每一个建设项目都能够落到实处，为乡村新的繁荣与发展贡献力量。立足新发展阶段，如何改进过去三十年大规模物质空间建设模式，创建适应新发展要求的模式，如何使规划师从精英文化的象牙塔走向人民群众，是需要深入思考的问题。

乡村规划教育应与共同缔造理念结合，通过让学生参与乡村实践活动，推动乡村可持续发展，体现共建共治共享的理念[1]。通过具体的乡村建设与发展实践，实现多主体、多要素、多时序的分类推进，统筹开展实践教学，完善教师与学生课堂内外知识与技巧的学习，实现理论教学与实践教学的互动。

1. 以实践引导教学内容

规划不是单纯地绘制蓝图，而是以空间为载体，建立组织与资源配置体系，使之与群众的日常生活紧密衔接。在追求物质空间有序的同时，也要实现社会关系的和谐有序，使之以综合、统一的方式来构建人居秩序[2]，美好环境与幸福生活相辅相成。美好环境与幸福生活息息相关。美好环境建设必须通过生产与生活的实践来实现，在此过程中，社会关系得以形成与完善。因此，创建幸福生活必须从美好环境建设做起。美好环境是自然与人文和谐共融的空间，也是个人与社会多领域发展并重的空间。

在共同缔造的各个项目中，教师和学生可以直接参与到乡村的规划与建设中。这种参与不仅可以让学生们将在课堂上学到的理论知识应用到实际中，还可以让他们在实践中发现理论的局限和新的问题。这些实践经验可以被反馈到教学中，使教学内容更加贴合实际，更具应用价值。

美好环境与幸福生活共同缔造使当地政府、村民、师生等多元主体都参与到乡村规划中，不同主体在不同的阶段发挥不同的作用。在初始阶段，政府作为引导角色动员村民参与，师生团队作为技术支持方进行村庄整体调研与规划，并提出村庄规划方

---

[1] 郎嵬、颜嘉玲、陈婷婷等：《基于高校城乡规划专业帮扶乡村建设的工作模式和实践路径探析》，载《中山大学学报（自然科学版）（中英文）》，2024 年 [2024 - 10 - 09]，第 1 - 12 页。https://doi.org/10.13471/j.cnki.acta.snus.ZR20240100.

[2] 吴良镛：《明日之人居》，清华大学出版社2013年版。

案。在中期阶段，政府作用逐渐转变为支撑作用，师生首先选择一部分愿意参与试点建设的村民作为带头人，共同参与村庄设计与建设，村民根据自身的实际情况及生活需求提出设计意向、意见与建议，此阶段由师生与村民协同完成。试点建设完成后，逐渐吸引更多村民参与，此时村民便成为乡村建设的主体，自主设计并改造自己的家园，而师生及政府则提供多渠道的支持与指导。在终末阶段，乡村建设的成效由村民、师生与政府共享。该阶段同样仍以村民为主导，村民与政府、师生一起共管共治。师生通过长期跟踪、多次驻点、及时回访，确保在每一阶段都能为村民提供及时的指导，落实村民的想法，满足村民的需求。

2. 以共同缔造开展案例研究

通过在不同村庄实施共同缔造项目，教师和学生们可以收集大量的第一手调研与实践资料，这些资料可以作为乡村建设案例研究的基础。在教学过程中，这些具体的案例可以帮助学生更好地理解抽象的理论概念，同时激发学生的探究兴趣和批判性思维。

高校师生作为村庄建设的外部驱动力，推进村庄发展，并以此为契机发动具有潜在的内生动力——村民与村集体。在乡村建设中，应注意培养学生的规划思想与技能，调整其主观观念，使其作为村庄发展与建设的内生动力。通过学校师生的外部驱动及村民集体的内生动力，"活化"村庄，促进村庄建设与发展。学校师生与村民共同建设村庄的实践过程，实际上也是知识溢出的过程：村民可以学习到乡村规划的知识与技能，师生可以补充地方性知识，形成地方性知识体系，并与从课堂教学体系获得的理论知识与实践经验形成互补，从而丰富教学内容，提升教学效果。

3. 以共同缔造建立互动反馈机制

通过实施美好环境与幸福生活共同缔造，建立教学与实践互动的反馈机制，使从实践中得到的经验与技巧能够被系统地整理并纳入教学和研究中。这种机制不仅增强了教学的实践基础，也促进了学术研究的深化与创新。

这样的内容组织清晰地展示教学与实践之间的互动如何促进知识的实际应用，提升学术研究的社会价值，同时加深学生的学习体验和专业技能。这种互动不仅有助于学生的全面发展，也为乡村建设的可持续发展提供了有力支持。

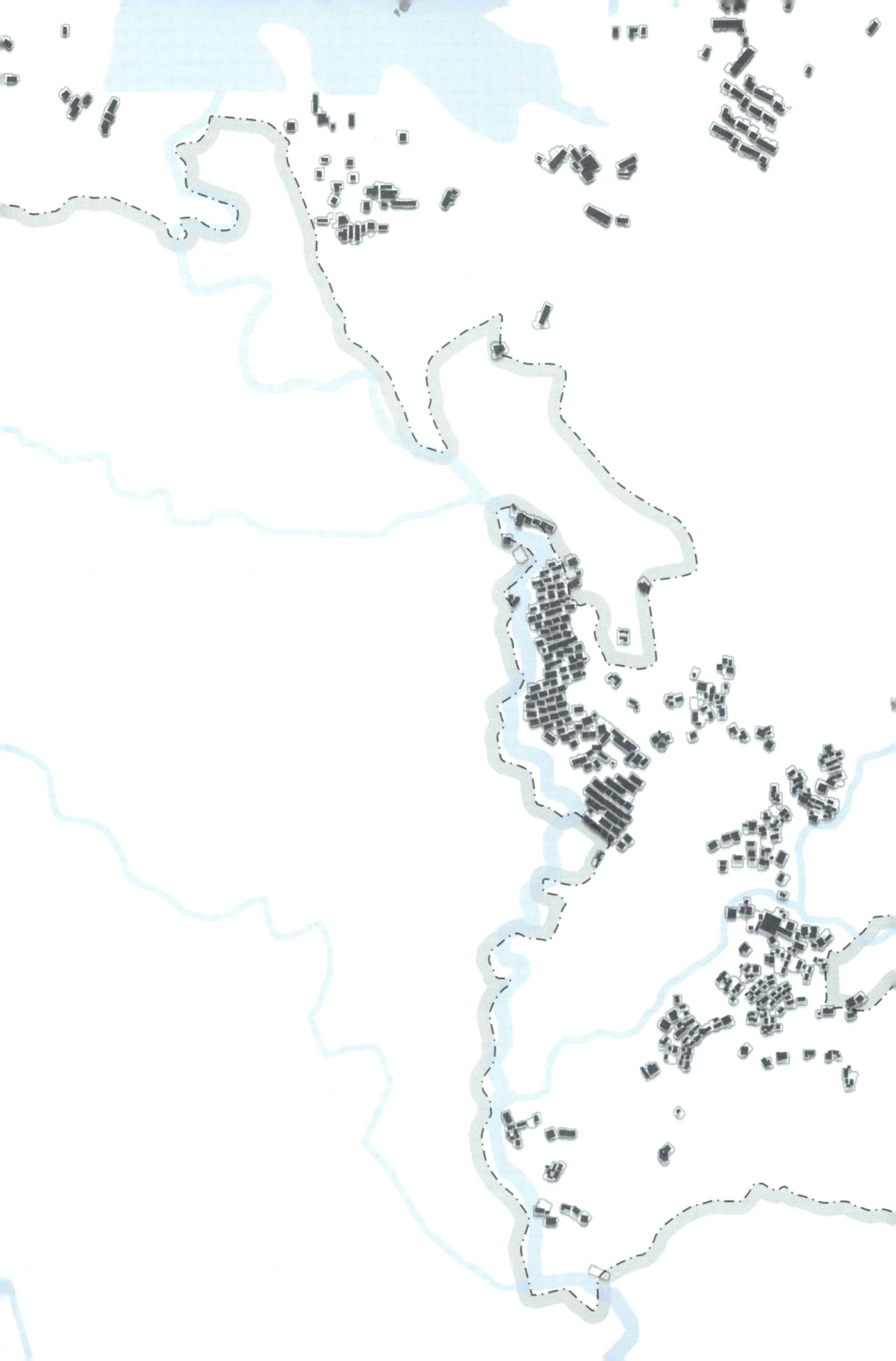

第三章

教学内容

 本章内容

本章概述了课程教学背景、教学计划与方法、具体教学内容。通过介绍中山大学对口帮扶项目与红塘村共同缔造的具体实践记录，本章展示了课程如何结合理论与实践，培养学生的乡村规划与建设能力。教学内容包括前期调研、实地建设、回访总结等多个阶段，强调了实践教育对提升学生综合能力的重要性。

第一节　教学背景

一、中山大学对口帮扶工作

凤庆县地处中国西南边陲的云南省，适宜的气候、土壤、地形，使凤庆成为我国十大产茶县之一，被誉为"世界滇红之乡"。全县共有茶园51.6万亩，年产量4万吨，关联当地80%百姓的生计。但其地理位置偏远，山区交通不便，发展资源有限，在此情况下实现乡村振兴成了发展的关键。

自2013年起，中山大学按照教育部工作部署定点帮扶云南省凤庆县。经过多年探索和实践，中山大学不断健全、完善"四个一"工作体系，推动了"人人皆可为，人人皆愿为，人人皆能为"的消费帮扶大格局的形成，助推凤庆茶产业提质增效，助力凤庆县落实国家"巩固、拓展脱贫攻坚成果同乡村振兴有效衔接"战略。校友企业广州燕语食品有限公司成为临沧市重点引进企业，已在临沧市建成茶叶加工厂和2000亩茶山基地。党的十九大以来，中山大学直接购买凤庆农特产品近3000万元，带动以凤庆茶为代表的越来越多的凤庆农特产品走出大山、走进粤港澳大湾区、飞入寻常百姓家。

乡村振兴离不开党的领导。农村基层党组织是乡村各种组织和各项工作的领导核心，是乡村治理的关键力量，党员更是先进性的代表。自2018年定点帮扶红塘村以来，中山大学充分发挥党建优势，牢抓党建主线，与红塘村村"两委"的党员干部一起把认识做强、把班子建强、把组织建强。中山大学已派出四任驻村第一书记，直接投入帮扶资金累计220万元。四任驻村第一书记，均发挥了自己的专业特长，为红塘村的发展出谋划策，将党组织工作扎实地落到了红塘村，夯实了后续共同缔造工作开展的基础。2020年，第三任驻村第一书记张良友到任，出身中山大学附属第六医院的他，为红塘村组织了多次义诊活动，推动附属第六医院、医学院学生进行专业实践，并为红塘村每户家庭梳理健康档案。

2021年，李郇教授团队进驻凤庆县红塘村，与村民共谋共建"四小园"，建成的"四小园"可供师生校友认领。李郇教授团队探索了"以认代捐+共同缔造"的消费帮扶新模式，在提升村内人居环境的同时，唤起了村庄发展的内生动力。该项目入选了教育部直属高校服务乡村振兴创新试验培育项目。2022年，在中山大学党委与凤庆县党委的指导下，红塘村与中山大学国际翻译学院、附属第六医院、地理规划学院、农学院等7个支部结对共建，构建以党建引领、村民主体、师生参与为核心的"校—县对口帮扶新工作模式"（见图3-1）。

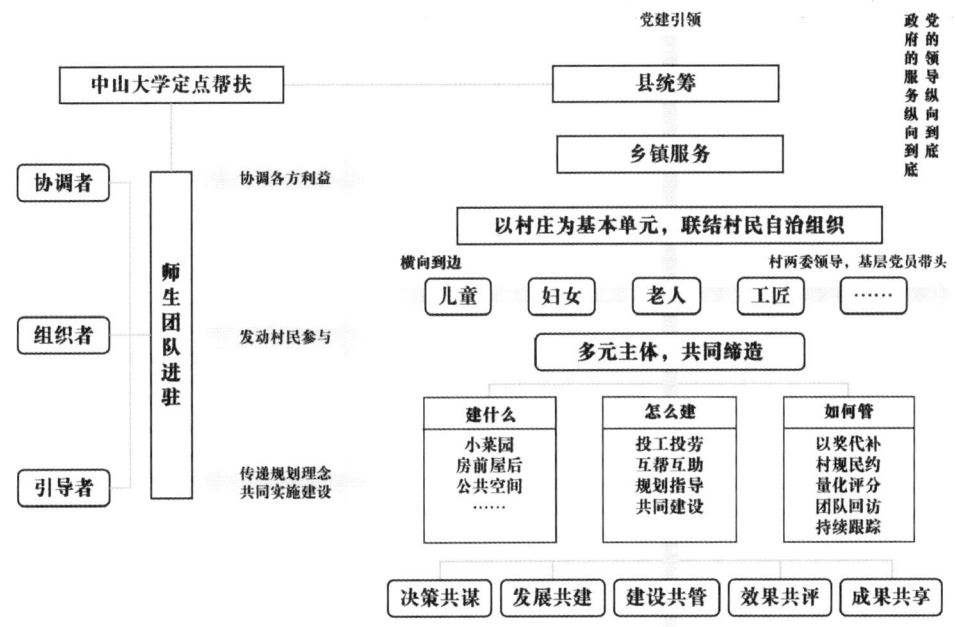

图 3-1 校—县对口帮扶新工作模式

二、中山大学城乡规划学科实践

中山大学城乡规划专业办学传统历史悠久，获学界、业界高度认可。该专业拥有雄厚的师资力量和合理的队伍结构，并于2021年通过了住房和城乡建设部的高等教育城乡规划专业评估。在乡村对口帮扶方面，该专业充分发挥学科优势，积极推动乡村人居环境的改善与社会发展。在课堂实践教学中，该专业构建了以特色实践课程为基础的理论和技能培养体系。"建筑设计""景观设计""乡村规划"和"社区规划"等课程，使该专业形成了微观规划的授课体系；而"控制性详细规划""城市总体规划""战略规划"和"区域规划"等课程，则构建了从中观到宏观的专业知识体系。其中，在"村庄规划"课程中，学生以小组形式针对真实项目进行规划设计，并制定发展策略，增强了实践能力，培养了团队合作精神。在教学实践中，基于高校对口帮扶项目，开展专业技能与解决实际问题能力训练。这不仅提升了学生的实践能力，还为乡村发展提供了切实可行的解决方案，充分体现了高校服务社会的使命。学生们积极参与乡村规划编制、空间布局设计及基础设施建设方案，同时开展实地调研、问卷调查和访谈，深入了解当地的自然环境、文化特点和发展需求。这样的劳动教育活动使学生能够将课堂上学到的理论知识应用于实际，培养他们的团队合作和沟通能力，让他们体会到乡村规划工作的复杂性与挑战性。专业教师团队在"人居环境科学"和"共同缔造"的指导思想下，拥有城乡规划、建筑设计、景观设计等领域的产学研合作基础。多年来，团队坚持将项目实践与理论研究相结合，教学科研与社会服务并重,积累了大量优秀的城乡规划服务案例,并多次获得全国和广东省的优秀城乡规划设计奖。以城乡人居环境建设和区域发展规划为学科核心,团队结合城市群与都市圈规划、城市更新、乡村建设及社区规划等国家城乡发展战略,形成了综合性的教学、研究和实践内容。

中山大学城乡规划学科作为国家"双一流"建设学科,近年来紧紧围绕乡村振兴国家战略需求,紧跟规划教育时代发展需求,牢牢把握规划学科教育特性,做到理论教育与实践教育并重。中山大学对口帮扶云南省临沧市凤庆县是中大城乡规划学科投身实践、真题真做,助力乡村振兴的一处缩影。师生以"美好环境与幸福生活共同缔造"为理念与方法,参与到云南省凤庆县乡村振兴的工作中,在实践中进行"乡村服务学习",让学生将在课堂上所学的理论应用于实践,并从实践中获得经验补充理论学习空缺,实现知识全面学习。

第二节 "乡村规划"课程教学计划

一、课程性质和教学目的

"乡村规划"课程是城乡规划专业的一门专业核心课,其基本内容是培养乡村振兴应用型人才,使其具备相关理论知识与实践能力。在云南省临沧市凤庆县红塘村开展的规划综合野外实践教学,使学生掌握了乡村规划与建设等方面的基础知识,培养学生运用乡村规划理论进行乡村规划、设计和建设的能力,培育了学生的综合素质、创新能力、实践能力,为学生了解祖国乡村、了解社会现实、从事专业技术工作奠定了基础。

在本课程的教学中,教师在田间地头开展情景式教学,及时将典型案例、真实项目情况引入课堂,更新课程内容,以真实的村庄规划工作任务为载体设计教学过程,将教、学、做相结合,使学生掌握乡村规划的相关理论知识,并具备较好的乡村规划方案设计能力和综合沟通能力。在教学中,教师将思政元素融入课程教学。践行"理论-实践-思政"三位一体教学理念,通过课程学习,培养学生对乡村的认知和乡建能力,提升学生对国家乡村振兴战略、生态文明理念的理解,实现知识传授、能力培养和价值塑造相结合。具体而言,本课程通过理论与实践相结合的方式,系统培养学生的村庄规划与建设能力,具体包括以下五个方面。

(1)理论知识掌握:帮助学生深入学习村庄规划相关的基础理论,包括乡村振兴政策、土地利用、环境整治、产业发展等方面的内容。同时,通过典型案例的分析,学生能够掌握村庄规划的实际应用场景,并了解相关法律法规,为将来的规划实践打下坚实的理论基础。

(2)实地调研能力培养:通过组织学生前往云南省临沧市凤庆县红塘村进行实地调研,培养学生收集、分析和总结资料的能力。学生将在真实的村庄环境中开展调研工作，学会运用问卷调查、入户访谈和绘图等手段，深入了解村庄的地理条件、村民需求和发展现状，提升学生独立发现问题和解决问题的能力。

（3）规划设计能力提升：基于调研结果，指导学生进行规划方案设计，涵盖村庄功能分区、道路交通、公共空间优化、产业布局等具体内容。学生将在设计过程中学会考虑村民需求、生态环境保护和村庄可持续发展等发展要素，提升其规划设计思维和实践操作能力。

（4）实践操作能力锻炼：通过与本村村民合作开展"四小园"改造项目，培养学生将规划设计方案转化为具体建设项目的能力。在此过程中，学生将学习项目施工组织的基本方法，增强自身动手操作与行动力，并通过与村民及团队师生的协作，提升沟通协调和团队合作能力。

（5）沟通协调能力：在课程的各个阶段，学生通过撰写调研报告、设计方案、专题汇报等，锻炼其表达与沟通能力。通过向同学、村民汇报展示和讨论，学生能够进一步提高其口头表达技巧和逻辑思维能力，增进其对村庄规划全过程的理解。

综上，课程旨在通过这一系列教学任务，使学生能够全面掌握乡村规划的基础理论和实践方法，同时培养学生的实践操作能力、创新思维和解决实际问题的能力，为其未来从事村庄规划及相关工作打下坚实的基础。

二、教学任务

1. 设计主题

课程设计主题为"美丽红塘　共同缔造"。该主题旨在通过建设小花园等方式激发红塘村内生活力，提升红塘村村民的生活品质，营造绿色宜居的乡村人居环境。同时，该主题强调共同缔造的理念，以村民为主体，引领其全程参与规划、建设和管理。在这个过程中，通过生态改善，村庄不仅变得更加美丽宜居，村民的凝聚力和参与感大大增强，从而激发了村庄的内生活力，推动红塘村的可持续发展。

2. 任务要求

学生需围绕"美丽红塘　共同缔造"这一主题，对云南省临沧市凤庆县红塘村进行全面调查，并结合村庄的自然环境、基础设施和村民需求，制订具体的规划设计方案。重点要求学生在调研中挖掘村庄的自然资源和营建公共空间的潜力，以村民为主体，设计可持续的改造方案。学生需探索生态改善和村庄振兴的结合点，特别是在小花园建设中融入创新设计，增强村庄的绿色生态品质。同时，学生需注重共同缔造理念的贯彻，联合村民广泛参与到规划设计、后续建设和维护的全过程中，激发村庄的内生发展动力。

在规划设计过程中，学生需完成调研资料收集、村民访谈、方案设计等工作。设计方案需统筹自然生态与人居环境改善实现二者的协同发展，特别要在小花园建设、公共空间优化等方面提出创新性规划思路。在方案提交前，学生应与村民充分沟通，确保设计贴合实际需求,并具备可操作性和实施性。

学生应积极参与实习的每个环节,利用照片或影像进行多种形式的记录,记录各阶段的成果和问题。在实习结束后,学生应撰写实习报告和专题论文,并进行全面的总结与反思。

3. 内容要求

(1) 基础调查。对红塘村的自然环境、历史文化、基础设施和公共空间现状进行全面调查。重点调研村庄的小花园建设、道路布局、公共设施分布和绿化现状,确保调查结果能够为规划方案的制订提供坚实的基础。同时,深入了解村民的需求和想法,确保设计方案充分结合村民的意见和建议,形成共识。

(2) 村庄规划设计。在调研的基础上,制订红塘村的整体规划方案。根据前期调研数据,学生需制订红塘村的整体村域规划方案,涵盖对生产、生活、生态空间(即"三生空间")的统筹规划。规划内容应涵盖村庄功能分区、道路交通、公共空间规划、产业发展策略等方面。规划方案需结合村庄的特色与实际需求,提出优化的空间布局和发展路径。学生需注重村庄现状与未来发展的协调,确保规划方案的可操作性和可持续性。方案需融入"绿美共建"的理念,在小花园设计中突出花卉种植、日常生活与村庄风貌的结合,通过生态设计引导村民生活方式的变化。同时,在整个规划过程中,应贯彻"共同缔造"的理念,保证村民在设计、实施和后续管理中的全面参与,增强村庄的活力与可持续性。

三、实习场地概况

红塘村处于北纬24°14′~25°03′,东经99°54′~100°13′,隶属云南省临沧市凤庆县凤山镇,位于县城北部,距县城约7公里(见图3-2),与董扁村、上寨村等毗邻。红塘村有硬化路30公里,未硬化村道13公里,以南北向凤小公路和东西向三绿公路为主要过村交通道路。现村内道路路基窄,部分路段有弯急、坡陡,部分村民小组交通不便。村庄总面积20平方公里,下辖4个自然村,17个村民小组,总人口2651人,共657户。其中,有1个自然村(红木村,含4个小组)位于村区下片(距离凤庆县城最近),农户分布集中,基本沿红木村道两侧居住。另外3个自然村(含13个小组)位于村区上片(山区),农户分散居住,村居间距较远,彼此之间交通不便且公共服务小基础可达性不高。

图3-2 红塘村村域图

四、教学计划进度

本实习通过分阶段的教学实践，系统培养学生乡村规划的实际操作能力，深入剖析红塘村乡村发展现状，通过策划组织各类活动，推动学生学习乡村规划理念的实际应用，具体分为以下四个阶段。

1. 第一阶段（2021 年 10 月—2022 年 3 月）

第一阶段的教学目标是培养学生的现场调研与沟通能力，掌握红塘村乡村发展现状并进行问题的全面总结，同时注重实地勘察和设计选点的专业技能训练。这一阶段注重整合村庄地理环境、空间利用和村民需求等因素，明确发展目标，提升学生的规划分析能力，为后续设计方案的提出奠定基础。

在教学实施过程中，首先通过系统的理论教学，向学生传授乡村规划的基本原理和相关背景知识。随后，组织学生前往桃树坡、大围龙、红木村和茅草坝自然村中具有代表性的乡村区域，开展深入的实地考察与调研活动。同时，学生们重点考察了种植有老茶花的居民家和红木村小组内闲置的传统农房，选取了适合开展"四小园"改造的节点，为后续的规划设计提供了重要的依据。

在调研结束后，学生们对收集到的村庄发展历史沿革资料进行了详细的梳理，并结合实地考察的所见所闻，撰写了完整的调研报告。报告对红塘村乡村发展的问题以及潜在的发展机遇进行了全面的分析和总结，为后续的规划工作提供了有力的支撑。通过本阶段的教学活动，学生们不仅提高了实际操作能力和解决问题能力，还加深了对乡村规划理论知识的理解和应用。同时，通过与村委的深入交流和讨论，学生们还获得了参与红塘村规划初步方案的制订和下一步工作内容的安排。

2. 第二阶段（2022 年 4 月—2022 年 8 月）

第二阶段的教学目标是培养学生的入户调研、问卷设计与实际操作的技能（包括访谈能力），克服理论与实践脱节的问题。通过入户访谈的训练，学生能够掌握沟通能力与发掘问题的能力，为后续设计与规划提供有力支持。

本阶段的教学内容主要围绕实地调研及首批 6 个小菜园选址工作展开。组织学生进行实地走访，与村委和农户面对面交流，集思广益，收集关于小菜园改造的多方意见。同时，学生们深入挖掘茶园中古茶树的历史文化内涵，并与当地村民交流茶园开发设计的创新思路。

在此基础上，引导学生进一步推动第一个小菜园的建设工作。学生们与村委共同研究提升人居环境的奖补政策，探讨新茶厂的分红机制，以推动乡村经济的可持续发展。此外，学生还开展了共同缔造培训活动，通过布置设计方案展板，更加直观地呈现规划理念；深入探讨了红塘村 SDGs（sustainable development goals，可持续发展目标）指标的融入，并通过入户发放问卷的方式，收集村民对于乡村发展的意见和建议。

通过情景教学法的应用，学生们在模拟的乡村规划情境中，不仅深化了对规划理论知识的理解，更在实际操作中提升了应用能力。学生在此阶段亲身参与完成了第一个小菜园的建设工作，掌握了实际操作技巧，为后续的乡村规划实践积累了宝贵的经验。

3. 第三阶段（2022年9月—2023年12月）

第三阶段的教学目标是通过实践活动锻炼学生的实际操作技能，使其掌握策划活动所需的沟通与协作能力，综合提升其动手能力、组织能力和交谈技巧。同时，通过参与制定制度，学生将掌握行文能力和制度拟定的技能，为后续的项目实施与管理打下基础。

本阶段教学内容具体包括：回访第一个小菜园，推进第二、第三个小菜园建设，以及规划后续16个小菜园的选址与实施；同时走访其他小菜园选点，与村委和村民沟通选点增删、设计方案和动工时间等细节。此外，学生们策划开展了小菜园改造经验交流会、半山居妇女茶话会，组织村内儿童参与公共空间墙绘等活动。

学生们在实地建设和回访过程中不断提高实际操作能力、解决问题的能力和社会责任感。通过与村委探讨人居环境提升奖补方案、新茶厂分红协议、公共空间管护制度和小菜园可持续建设制度，列席红木村党员大会，学生们建立与村庄维系关系的长效机制，形成了小菜园回访制度，建立了管护制度。

4. 第四阶段（2023年8月至今）

第四阶段的教学目标是提升学生的活动策划与组织能力，使其掌握策划与实施各类活动的技能。通过亲身参与村庄建设项目与相关活动，学生能够直观体验并学习规划理念和实际效果的异同，不仅强化了他们的实践操作能力，还加深了他们对方案沟通、实地建造等流程的理解与把握，帮助其为未来的实施项目积累了宝贵经验。

该阶段教学的具体活动内容包括推进第二批小菜园的建设工作，策划并举办党日活动以促进支部共建，开展儿童美育活动以丰富村内儿童的精神生活，以及向村内儿童普及垃圾分类知识以提升其环保意识。本阶段延续组织了2022—2023年度"最美小菜园"、2023—2024年度"最美小菜园"评比活动，邀请村民参与小菜园建设的评比，并对优胜者进行表彰，以激发村民参与村庄建设的热情与积极性。

这一阶段教学实践为学生们后续组织新一轮小菜园建设等活动奠定了坚实的基础，并使他们深刻理解了师生村民协作、共同缔造美好环境与幸福生活的理念。

五、主要参考书目

[1] 陈前虎. 乡村规划与设计 [M]. 北京：中国建筑工业出版社，2018.
[2] 王蒙徽，李郇. 城乡规划变革美好环境与和谐社会共同缔造 [M]. 北京：中国建筑工业出版社，2016.
[3] 李京生. 乡村规划原理 [M]. 北京：中国建筑工业出版社，2018.

[4] 张立. 乡村活化：东亚乡村规划与建设的经验引荐 [J]. 国际城市规划, 2016, 31 (6): 1-7.

[5] 何杰, 程海帆, 王颖. 乡村规划概论 [M]. 武汉: 华中科技大学出版社, 2020.

[6] 王晓军. 乡村规划新思维 [M]. 北京: 中国建筑工业出版社, 2019.

[7] 千贺裕太郎, 张立, 赵民. 农村规划学 [M]. 宋贝君, 张立, 译. 上海: 同济大学出版社, 2021.

第三节 "村庄规划"课程教学记录

一、前期准备

1. 调研用品

（1）资料类。驻场村庄的历史与现状资料、村庄所在区域的自然与社会经济条件文献资料、统计资料和图件。

（2）用品类。进行野外工作时需要的各种常规勘察用品，如照相机、访谈记录本、录音笔等，以及水壶、雨伞、背包、帽子等生活用品。

（3）介绍信、调研身份证明。

二、教学过程全记录

习近平总书记指出，研究生教育对培养创新人才、服务国家发展具有关键作用。中山大学中国区域协调发展与乡村建设研究院（以下简称"研究院"）导师组以习近平新时代中国特色社会主义思想为指导，贯彻党的教育方针，立足立德树人根本任务，结合思政教育与实践教学，构建"美丽乡村共同缔造"的乡村建设新范式与乡村振兴人才培养新模式，致力于提升学生的学习力、思想力和行动力，立志投身乡村振兴伟大实践，助力培养社会主义现代化建设所需的乡村振兴人才。

2021年10月起，研究院团队带着共同缔造的经验，进驻红塘村，构建"红塘村共同缔造工作坊"，开展"美丽红塘 共同缔造"活动。截至2024年6月，师生已组织超30余次红塘村调研，超100人次（师生）参与，翻山越岭走过7个乡镇、15个村庄，用脚步丈量这片土地。研究院师生始终秉持"决策共谋"的理念，通过实地勘察、走访，摸清红塘村的区位、气候、地形、山水格局、产业现状、历史资源等基本情况。在此基础上，以数字技术为支撑，结合乡村可持续发展指标体系，建立乡村"本地化、数字化、智能化"治理模式，构建红塘村可持续发展数字平台。该平台一方面可以完善县域农村人户、农房、教育和医疗健康等指标数据；另一方面可以根据联合国可持续发展指标,结合中国乡村振兴实际,构建红塘村可持续发展指标体系。

1. 走进红塘:茶马古道的历史古村

乡村调研是对红塘村实际情况进行系统性观察和研究的重要工作,旨在深入了解其发展现状。通过实地考察,可以了解红塘村的地理环境、社会结构、经济状况等多方面信息,为制定科学合理的红塘村发展规划提供基础数据。这也是培养学生实践操作能力的重要途径。

2021年10月至今,团队在红塘村开展共同缔造工作,同步开展扎实深入的乡村发展调研(见图3-3)。作为教学内容的重要组成部分,调研内容由浅至深,各有侧重,可以实现不同的教学目标。

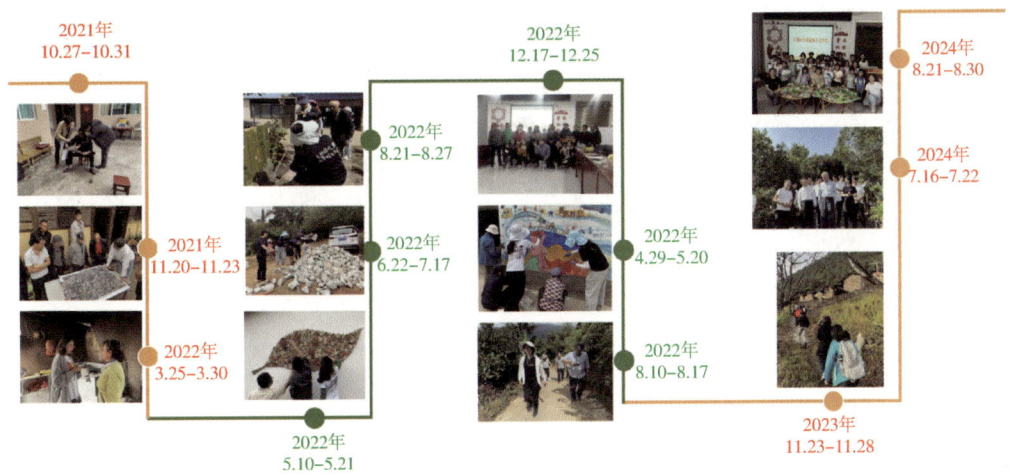

图3-3 红塘村调研时间轴

第一次调研任务聚焦红塘村发展现状与现存挖掘问题。师生通过共同缔造工作坊,组织政府、村民、社会组织、规划师等多元主体协商,明确村庄共同愿景与目标,达成发展共识。师生围绕基础设施(道路广场、市政公用设施、公共空间、房前屋后空间、公共服务设施)、产业发展、农房建设、村规民约等村民关心的事项,通过开展共同缔造工作坊、共议村规民约、村民大会讨论等方式组织多方共谋村庄发展之路。另外,学生通过分组开展入户调研,采取了半结构化访谈法,以村委、村民为主要的访谈对象,了解红塘村发展现状、现存问题以及规划设计需求,为后续针对性开展乡村规划奠定基础。

第二次调研任务是进一步挖掘红塘村茶产业资源,调研村内特殊空间节点的现状与设计需求,勘察小菜园改造选点。第三、四次调研任务包括讨论第一批小菜园选点改造方案,并建立红塘村SDGs指标体系,通过问卷调查、半结构化访谈等方法获取数据。第五、第六、第七次调研任务是在小菜园改造建设过程中辅助调研,包括与多方主体讨论方案、收集意见等。第八、第九次调研任务主要是回访已完工的小菜园,并通过半结构化访谈法了解红塘村史,深入挖掘红塘村历史文化资源。

在组织学生开展乡村调研的过程中,教师主要采用参观法、讨论法、实习法等教学方法。学生小组通过开展实地考察,运用问卷调查、入户访谈等社会调查方法(见图3-4、图3-5、表3-1、表3-2),实现了从理论到实践的有效衔接。培养学生一方面运用在第一课堂习得的乡村规划、乡村地理学等理论知识及社会调查方法解决乡村发展规划实际问题,巩固了课堂理论知识,提升了实践操作能力;另一方面通过切身感受乡村的历史文化和社会现状,深化了对乡村振兴的认识,增强了社会责任感,提高了参与乡村建设的积极性。此外,学生的团队协作和沟通交流能力等综合素质也得到了提高。

图3-4 学生入户访谈

图3-5 陈婷婷副教授与研究生开展实地调研

表3-1 乡村可持续发展指标体系

SDG 目标	评价分解目标
G1:在全世界消除一切形式的贫困	①村集体经济发展
	②巩固脱贫攻坚成果
G8:促进持久、包容性和可持续的经济增长,充分的生产性就业和人人获得体面工作。 G12:采用可持续的消费和生产模式	③本地就业发展水平
	④乡村本地产业发展水平
G11:建设包容、安全、有抵御灾害能力和可持续的城市和人类住区。 G6:为所有人提供水和环境卫生并对其进行可持续管理	⑤人居环境
	⑥农房
	⑦供水用水
	⑧污水处理
G7:确保人人获得负担得起、可靠和可持续的现代能源	⑨能源使用
G4:确保包容和公平的优质教育,让全民终身享有学习机会	⑩高质量教育
G3:确保健康的生活方式,促进各年龄段人群的福祉	⑪人人健康

续上表

SDG 目标	评价分解目标
G15：保护、恢复和促进可持续利用陆地生态系统，可持续管理森林，防治荒漠化，制止和扭转土地退化，遏制生物多样性丧失	⑫生态保护

表 3-2 调查问卷（节选）

凤庆县红塘村农户调查问卷
所属自然村：
所属村小组：
户主姓名：
一、家庭人口情况

1. 家庭成员基本信息（请填写所有家庭成员的信息，包括县外务工人员和仍在读书的学生）。
家庭人口总数_____人，18 岁以下_____人，18-65 岁_____人，老人（65 岁以上）_____人。其中，劳动力（18-65 岁、有工作和务农的）人数_____人，在县外务工的劳动力人数_____人，仍在读书的小孩（包括大学生）_____人。

成员	性别	年龄	工作情况	是否在村内常住	接种疫苗情况
成员 1					
成员 2					
成员 3					

2. 家庭成员参保情况：
家庭成员中，参加城乡居民基本养老保险的有_____人；
家庭成员中，参加农村居民基本医疗保险的有_____人；

2. 小试牛刀：小菜园选点设计

设计类课程是高层次设计人才培养过程中的核心教学环节，但传统的设计课程偏向于采取"假题假做"的教学方式，缺乏真实的规划对象，难以培养学生的专业分析能力和协作创新能力。产学研缺乏有效的衔接，学生的设计成果也缺乏实用性、科学性，难以适应真实规划环境的复杂需求。因此，在红塘村共同缔造教学过程中，导师组以小菜园改造为设计命题，指导学生"真题真做"，主要采取情境教学法、实践活动法两大教学方法，辅以讲授法和讨论法，培养学生的综合能力，提升学生的专业水平。

导师组首先向学生阐述了"美丽红塘 共同缔造"的理念与工作方法，分配小菜园设计任务，为小菜园设计定下基调（见图 3-6）。随后，导师组通过快题设计训练、方案讨论、图纸点评等方式，跟踪学生设计任务完成情况，指导学生完善设计方案（见图 3-7 至图 3-9）。

图3-6 李郇教授讲授"共同缔造"理论与实践

图3-7 师生讨论调研结果与规划方案

图3-8 王劲副教授现场指导研究生设计方案

图3-9 师生讨论小菜园设计方案

在小菜园改造前期,学生通过入户访谈与实地考察,全面了解场地现有条件和户主需求,为制订设计方案奠定基础。同时,学生与户主、村委、施工师傅反复沟通,结合资金预算、施工难度、工程用材等现实问题,不断优化设计方案,确保其兼顾实用性、安全性与美观性(见图3-10)。在此过程中,学生不仅锻炼了设计思维,提升了客观分析与综合能力。与多元主体交流的过程,一方面是学生阐述个人设计思路和理念的过程,学生的表达能力得到锻炼;另一方面,是学生尝试建构规划共识的过程,学生的协作交流能力得到提升,理性公正的规划价值观得到升华(见图3-11)。

在交流设计方案的过程中,学生也接受了来自村民的地方知识反哺。村民们有着独特的乡土智慧(见图3-12)。如砌砖放线、铺路垒墙,都是由村内工匠师傅现场演示,同学们逐步掌握。就地取材、废物利用,也是村民们节约建设成本的方法。这些宝贵的来自乡土生活实践的建设经验是在课堂上难以习得的。

图3-10　学生绘制设计效果图

图3-11　团队与红木村小组长李大哥讨论小菜园设计方案　　图3-12　村民郭爷爷向师生传授植物养护知识

3. 建设红塘：师生亲身参与小菜园建设

乡村规划建设是一项复杂的工作，涉及土地利用、基础设施建设、产业发展、历史文化保护等多个领域，以及政府、市场、村民等多方利益主体。解决乡村建设的实际问题需要综合性与系统性的思维以及客观且实用的实践操作能力。小菜园规划建设是乡村规划建设的一个缩影。

学生充分参与到小菜园改造的全周期中，在调研、设计之余，还要参与实际的施工建设（见图3-13）。在理论知识的指导下，学生们完成了方案规划和设计。然而，设计与施工建设并不完全等同，图纸不代表最终的建设成果。以排水为例，土地的坡度、土壤的保水程度等都决定着排水系统的建设方式，而这些细节知识难以从书本上获得，必须要在实践中摸索。通过实践教学，导师引导学生参与乡村规划建设实际工作。一方面，让学生了解规划项目管理的方方面面，包括制订详细的项目计划、协调各方资源、监督项目的实施等。此类实践能有效培养学生的项目管理技能，并提升其组织和协调能力。另一方面，学生面对实际场地，需要将理论知识与实际情况相结合，动手解决实际问题，从而锻炼了"分析问题—发现问题—解决问题"的规划实操能力。此外，共同劳作拉近了学生与村委、村民的关系（见图3-14），不仅有利于构建规划共识，又能让学生深入乡土，提升学生对乡村振兴的责任感和使命感，建立学生的乡土价值观。

图3-13　团队学生与村内工匠一起建设　　图3-14　团队师生、红塘村村"两委"工作人员与村民共同参与小菜园建设实践

4. 培育红塘：师生与村民的双向学习

共同缔造的核心是凝聚发展共识，动员村民、村委等多元主体参与乡村建设。为此，导师组指导学生组织老人、妇女、儿童等群体开展了多次共同缔造活动，实现共同缔造的"横向到边"。在第六次调研中，师生组织红塘村儿童参与"我心目中的红塘村"共绘活动（见图3-15），引导小朋友们描述与记录心目中对红塘村的美丽愿景。在第七次调研中，师生组织儿童开展了红塘村公共空间墙绘活动，引导小朋友们以实际行动参与到美丽红塘建设中；组织妇女开展了红塘村妇女茶话会活动，了解妇女视角下的红塘村发展现状与发展需求；组织小菜园户主们开展了小菜园改造经验交流会，鼓励户主们畅所欲言，分享改造心得，提出改造意见，交流改造经验等。在第八次调研中，师生面向红塘村小组成员开展了集体茶厂共享花池建设活动，村委、村小组成员与师生共同栽种绿化带。在第九次调研中，师生面向红塘村儿童开展了垃圾分类知识科普活动；面向全体村民开展了红塘村2023年度"最美小菜园"评比活动。在此过程中，教师主要采用情境教学法和实践活动教学法，指导学生实际组织并参与共同缔造活动，加深学生对共同缔造理论的认识，提高学生应对复杂规划情境的能力，培养学生综合素质。

图 3-15 "我心目中的红塘村"绘画作品

导师组指导学生在红塘村活动中心举办小菜园改造方法宣讲、经验交流会（见图 3-16），为村民介绍小菜园建设的意义、国内外经典案例与设计步骤，强调小菜园建设实际上是乡村营造的过程，小菜园需要大家共同建设，也需要长效维护。会上，小菜园户主向学生积极反映建设中所遇到的问题（包括建造材料的选择、花卉苗木的管理维护、植物的品种选择、防止家禽进入菜园的方法等），也为学生们提供了丰富的地方知识和本地实践经验。学生与村民们通过专业知识与地方知识的良性互动，为乡村规划建设积累了宝贵经验。

图 3-16 小菜园改造经验宣讲与成果评价讨论会

同时，导师组坚持科教融合、产教结合，注重培养学生的创新能力。在乡村建设实践中，导师组通过前期问题讨论、中期跟踪指导、后期总结反思等方式，引导学生以问题为导向、以项目为基础、以案例为对象开展深入思考，培养学生发现问题、分析问题和解决问题的能力；以乡村为主阵地，指导学生开展科学研究，"将论文写在祖国大地上"，推进理论学习、规划实践与科研创新有机融合，加强研究生学术创新能力与实践创新能力培养。

此外，本次规划教育的对象不仅是学生，还包括广大村民群众。师生驻村参与乡村规划建设，一方面可以作为生动的在地展览，激发村民参与乡村建设的积极性，激活村民的"主人翁"意识（见图 3-17）；另一方面，通过持续开展活动、访谈交流和讲座教育等,将"美丽红塘 共同缔造"的理念深入传递给村装村民,凝聚乡村发展共识,提高村民参与乡村建设的意识和能力。

图3-17 村民阅读小菜园建设宣传展板

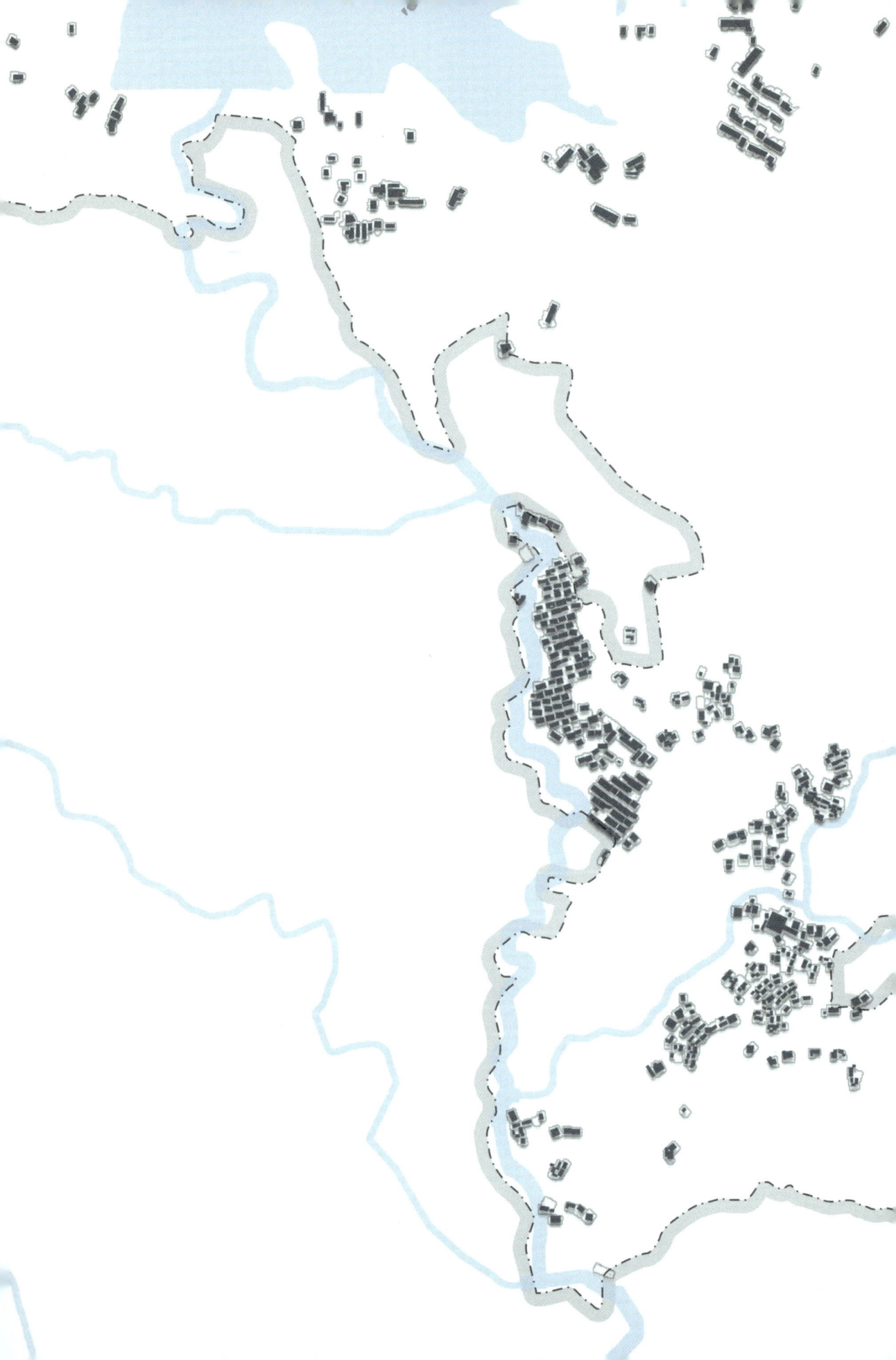

第四章

红塘村发展规划

本章内容

本章首先介绍了红塘村的历史沿革，接着分析村庄现状及现存问题，以此提出红塘村整体发展规划，内容涵盖"美丽红塘·共同缔造工作坊"建设、村庄空间布局优化、村庄产业规划、村庄公共服务设施规划、村庄道路规划及村庄节点设计方案。

红塘村，距云南省临沧市凤庆县县城北部约 7 公里，为典型的山区农业村。村域总面积达 20 平方公里，下辖 4 个自然村，17 个村民小组，总人口 2651 人，共 657 户。其中，在位于南侧、近县城的红木自然村，建有居民安置区，农户分布集中，基本沿红木村道两侧居住。其余 3 个自然村位于北侧山林遍布的区域，农户分散居住，村居间距较远。

第一节　云南省凤庆县凤山镇红塘村历史

一、历史沿革

红塘村位于云南省临沧市凤庆县，距县城约 7 公里，现下辖 4 个自然村，共 17 个村民小组，657 户农户，总人口 2651 人。红塘村建村可追溯到明朝时期，村民们世代口口相传，认为祖先是因屯田戍边，由"应天府（南京）柳树湾大石板"经大理迁入凤庆并定居于现红塘村。《明史·太祖本纪》载："洪武十四年（1381 年），九月朔，傅友德为征南将军，蓝玉、沐英为左右副将军，率师征云南。"次年，为进一步巩固对云南地区的统治，中央要求征南军队就地定居、开垦，实行屯田制。随后，中央多次通过军屯、民屯、商屯等形式把大量汉民迁入云南。南京作为明代京师，是移民的主要来源地。《滇粹·云南世守黔宁王沐英传附后嗣略》记："沐春镇滇七年（1392—1398 年），再移南京人民三十余万（入云南）。"柳树湾（今南京蓝旗街一带）毗邻明故宫，附近为中央六部及卫所驻军所在地。因此，村民们口口相传的"柳树湾"有一定依据，但此处仅为屯田移民的集散地，而其非祖籍所在地。

明朝初期，军屯是最主要的迁入形式，平定云南的军队被要求就地屯垦，并以军事组织的卫、所、百户为单位作为屯田的组织形式，《明实录》载："自永宁至大理，每六十里设一堡，驻军屯田，兼司驿传之责。"据考，仅曲靖火忽都至云南前卫易龙段即设堡五处。明末及清代以后，经年的定居与繁衍使得汉族人口不断增加，军事特质逐渐淡化，随着卫所制度松弛，屯户后裔转为编户齐民。小规模的家族聚居成为主要形式，聚居点从坝区逐渐向半山区、山区扩散①。以红木自然村为例，最早定居在此的为张、武两大氏族。据村民们说，张氏高祖最先抵达，占据了坝区进行开垦（现张家窝小组）。武氏迁入时间较晚，只能在山区聚居（现杨家窝小组）。据村民张廷钦所述，张、武两族因垦地之争积怨，直至 20 世纪 50 年代前，仍延续"张武不婚"的旧俗。此外，据村民杨明介绍，村内杨姓至今仍遵循不得与朱姓通婚的祖训。

红塘村大多数村民聚居在山区、半山区（见图 4－1），该区域气候冷凉，土地贫瘠，山宽人稀，红塘村的社会经济条件并不乐观。2014 年，村内仍有贫困人口 916

---

① 陆韧：《云南汉语地名发展与民族构成变迁》，载《云南民族大学学报（哲学社会科学版）》2005 年第 6 期，第 65－70 页。

人,贫困发生率达36%。2013年,中山大学积极响应教育部号召,对口帮扶云南省凤庆县。2018年,定点帮扶红塘村。在中山大学的帮扶下,村内先后进行了金丝皇菊产业、滇红茶产业的转型升级以及人居环境整治提升。2019年,红塘村实现整村脱贫出列,被列入凤庆县乡村旅游示范村建设名单,并获评"云南省美丽乡村"。2020年,全村实现农村经济总收入2956万元,农村居民人均可支配收入13075元。2021年,中山大学区域协调发展与乡村建设研究院入驻红塘村,开展"美丽红塘,共同缔造"工作,推进乡村人居环境质量提升。

图4-1 现红塘村聚落分布

二、自然要素

红塘村年平均气温16.5℃，海拔高度为1600～2200米，年降水量1330.9毫米，属海拔较高、气候冷凉、降水资源丰沛、粮产较低的典型山区农业村。红塘村所在凤庆县属低纬高原中亚热带季风气候，因受海洋、大陆季风影响，有雨热同季、气候温和、日照充足、冬暖夏凉、四季如春、雨量集中、干湿季分明的特点。凤庆县境内土壤性质为偏酸性且磷钾分布不均，有机质含量较高，土壤类型垂直带谱较明显[1]。其中，红塘村内土壤主要为红壤、黄壤（如海拔1800米以下多为红壤，以上渐变为黄壤），茶园集中分布地带土壤多为红壤。

三、茶马古道

"茶马古道"特指中国古代西南地区以茶马贸易为核心的商贸网络，主线连接川、滇、藏，并延伸至缅甸、尼泊尔、印度等邻国。"茶马古道"以马帮为媒介，将云南、四川等传统产茶区域与盛产马匹、酥油、皮草的藏区相连接，进行茶马贸易，实现彼此之间的贸易往来，其历史可追溯到唐朝与吐蕃交往时期[2]。《蛮书》等史料已记载滇藏间的茶马交易。学界普遍认为茶马古道的主要线路有两条，分别是滇藏线和川藏线。其中，滇藏线大致是从云南的普洱茶原产地（今西双版纳、普洱市）起始，经大理、丽江、香格里拉、德钦到西藏的邦达、察隅或昌都、洛隆、林芝、拉萨，再经由江孜、亚东分别到达缅甸、尼泊尔、印度。

顺下线是滇藏线的一段分支，是由凤庆至下关的重要通道，蜿蜒盘旋穿越红塘村，即接官亭（凤城）—红塘（凤山）—新村（大寺德乐）—青龙桥—金马（鲁史）—鲁家山（鲁史）—沿河（鲁史）—鲁史街—犀牛古渡（鲁史）—巍山—下关。公元1639年（崇祯十二年）8月，明朝大旅行家徐霞客游历顺宁，途经此线，路过红塘村，曾在望城关小憩（见图4-2）。"从冈平行二里，又稍下一里，前有一峰中道而突，穿其坳而上，约一里。有一二家倚坡东，是为望城关，从东南壑中遂见郡城故也。"[3]

---

[1] 云南省凤庆县志编纂委员会：《凤庆县志》，云南人民出版社1993年版，第61-64页。
[2] 石硕：《茶马古道及其历史文化价值》，载《西藏研究》2002年第4期。
[3] 〔明〕徐弘祖：《徐霞客游记》，朱惠荣、李兴和译注，中华书局2015年版，第2712页。

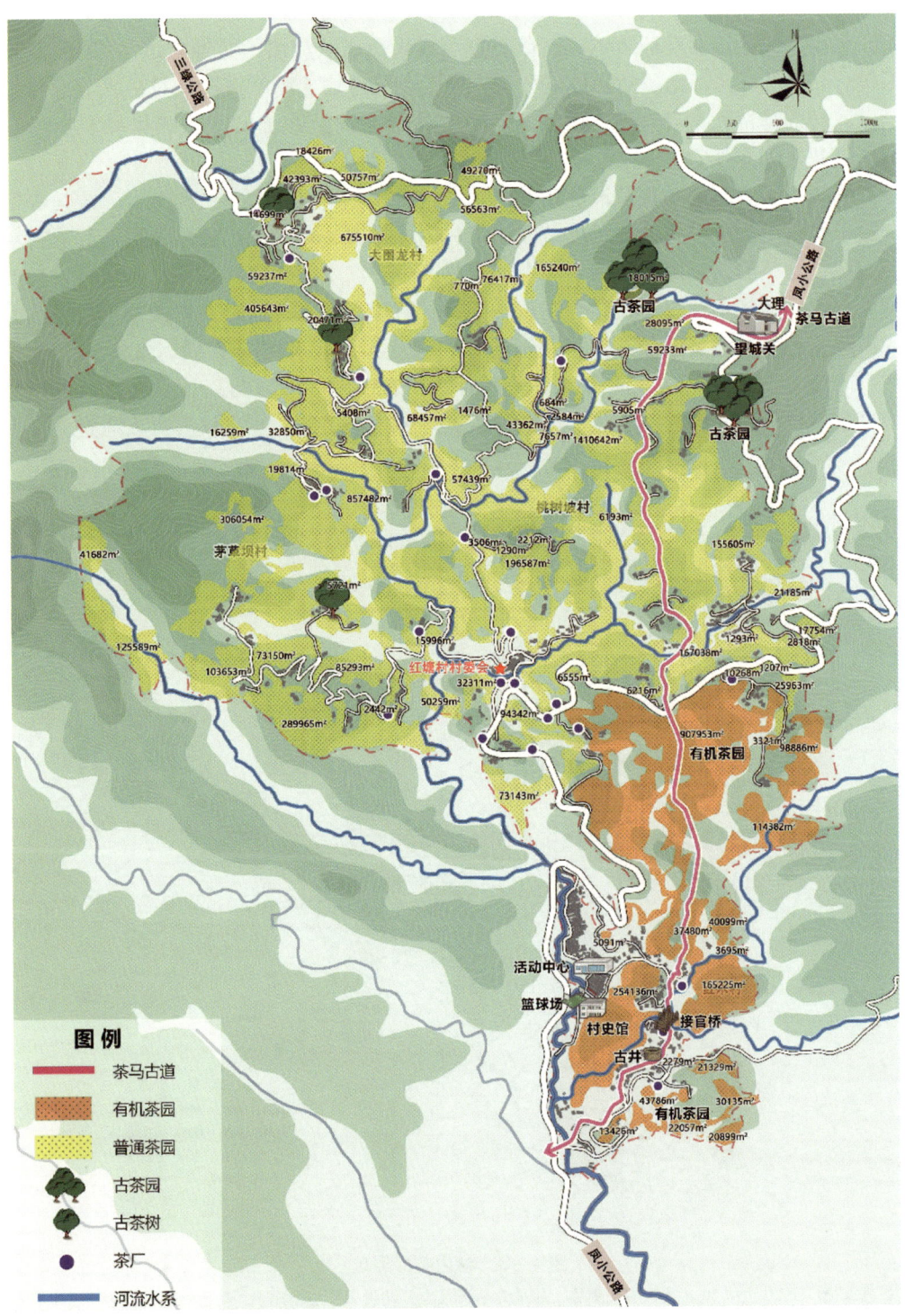

图 4-2 茶马古道红塘村段与望城关

顺治十八年（1661年），清政府在北胜州（今永胜县）开茶市以藏马交易普洱茶，凤庆茶大量经丽江流入藏区，茶马古道成为凤庆茶流出的必经之道①。乾隆二十六年（1761年），青龙桥的建成进一步方便了茶马运输，商旅规模日益扩大。来自临沧、凤庆的马帮和来自大理、丽江、昆明的马帮通常汇聚于凤庆县城和鲁史古镇②，两地因此热闹非凡。

据调研了解，茶马古道凤庆段在红木村内的路线大致如图4-3所示。茶马古道盘旋于杨家山头，向北去往鲁史镇，南接村内原村道，曾是凤小公路开通前红木村村民去往鲁史镇的重要通道。因茶马古道穿村而过，红木村曾聚集马帮以及从事贸易的村民，村民经济条件相对较好。在滇红茶热销时期，红木村家家户户做茶，村民勤劳的传统美德使其经济条件远优于邻近村庄，因此当时曾有"嫁人要嫁红木村"的说法。1975年，凤小公路开通后，茶马古道的交通作用逐渐减弱，马帮也逐渐退出历史舞台。目前，村内的茶马古道已基本被泥土掩埋，道路狭窄，仅容行人通过。

图4-3 村内茶厂原址

注：赵家茶厂于20世纪50年代被收归集体，原址先后曾设立红塘附中、红塘完小，均已撤除，现为半丢荒状态。

---

① 蒋文中：《茶马古道研究》，云南人民出版社2014年版。
② 葛楚：《茶马古道顺下线凤庆段沿线传统聚落空间演变研究》，昆明理工大学硕士学位论文，2023年。

四、滇红茶叶

凤庆是世界著名的滇红茶发源地，种茶、制茶历史已延续千年。据徐霞客《滇游日记》记载，徐霞客从凤庆城经青树、红塘、三沟水到达高枧槽（今凤庆马庄村），一位梅姓老人煎"太华茶"款待，徐霞客对其赞不绝口，称"茶汤清洌而兰香幽远，此等清雅之味，实属罕见"。这说明，在明朝时期，凤庆茶艺已十分精湛。

清光绪年间，时任顺宁知府的琦璘大力发展茶产业，委派实业团长甘自东和木正明前往双江勐库学习种茶技术二人带回大叶茶籽 1500 颗并成功培育出"凤山茶"，奠定了凤庆产茶大县的基础①。抗日战争期间，为扶持红茶市场以换取外汇、支援军需，政府重点发展云南茶区，滇红茶由此诞生。1938 年，著名茶叶专家冯绍裘试制滇红茶成功，开创了云南大叶种茶精制工夫红茶的先河。1953 年，全县推广农村红茶初制生产技术，茶产业逐渐成为凤庆县的主导产业。

红塘村是滇红茶的核心产区，茶文化资源丰富，大叶种茶是当地的主要经济作物，大部分茶园呈梯田式分布山区。1938 年左右，县城居民赵氏到红塘村置地、种茶、办厂，以大叶种茶为原料制作"晒青"，并创办了村内第一家茶叶加工厂。1941 年前后，村内茶叶种植产业初具规模，茶叶开始销往西藏、内蒙古等地。1952 年，村集体成立红塘初制所（2008 年被私人承包，后分为大摆田茶厂）（见图 4-3）。村民们将采摘的鲜叶卖到赵家茶厂或初制所，以获得经济收入。然而，由于茶叶产量低、鲜叶价格低，加之改革开放后村内人口外流严重，红塘村的茶叶产业收入不高，难以带动村民致富与乡村发展。

2018 年，在中山大学的帮扶下，红塘村开始推行有机茶种植，并与中山大学、上海市对口帮扶工作组共建了"逸仙茶厂"。该茶厂采用"党支部+村集体+农户"模式，整合村内现有合作社和新建茶厂资源，以红木自然村为基础，鼓励全行政村农户加入合作社，收购有机茶，并拓展产业链，实现了从茶叶的粗加工到深加工。在收入分配方面，茶厂将 50% 的利润作为发展基金，将剩余 50% 的利润作为村内的共同富裕基金。2022 年茶厂投产后，11 月第一批分红，实现集体收入 10 余万元，户均增收 1500 余元。

第二节　云南省凤庆县凤山镇红塘村现状

一、产业基础

红塘村位于中国四大红茶之一——云南滇红茶的核心产区，村民多以种植茶叶、

---

① 刘星：《滇红品牌的文化附加值研究》，云南大学硕士学位论文，2015 年。

核桃或外出务工为生。村内茶马古道、茶种培育等茶文化资源丰富，大叶种茶是当地主要的经济作物与支柱产业（见图4-4）。村内茶园散布在山丘间，多呈梯状分布式。目前村内共有大叶种古茶园2个，单列的古茶树3棵；不同规模的茶厂23个，多为初制茶厂。

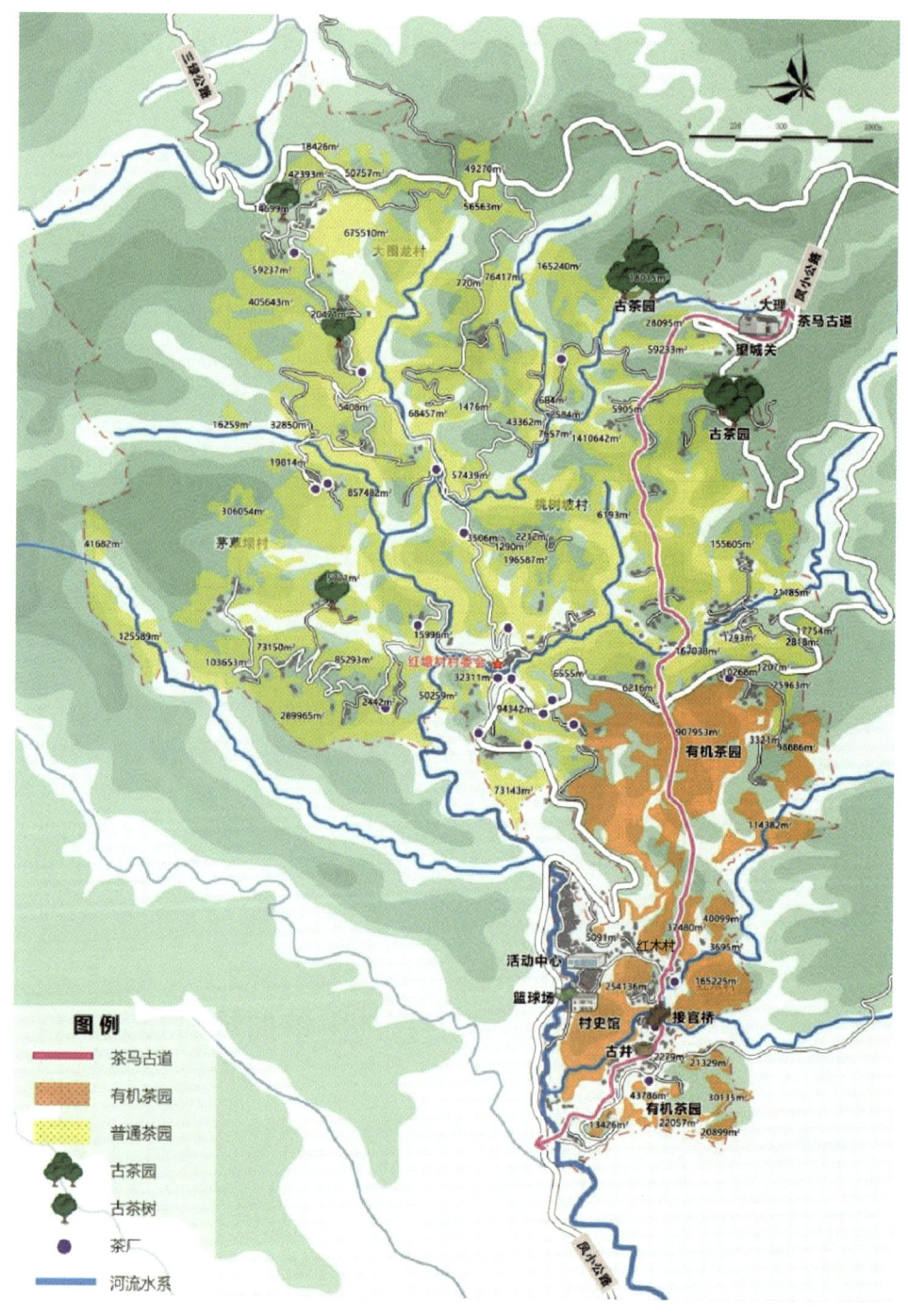

图4-4 红塘村产业分布图

二、人口经济

红塘村在2014年仍有贫困人口916人，贫困发生率达36%。从2015年起，红塘村在中山大学的定点帮扶下，先后实施了村庄环境与设施改造、菊花园建设等项目，并于2019年实现了整村脱贫。2020年，全村实现农村经济总收入2956万元，农村居民人均可支配收入13075元。

三、现存问题

红塘村临近凤庆县城，交通便利，区位优势明显；茶种资源丰富，制茶历史悠久，具备一定的茶产业发展基础；茶马古道穿村而过，滇西特色历史文化旅游资源有待挖掘。当地村民脱贫发展意愿强烈，基层村务民主执行到位，村务理事会成员在村内威望高、号召力强，理事会具有组织动员能力。与此同时，红塘村存在本土产业发展滞后、村民收入偏低、村集体经济实力薄弱、村内人居环境质量不佳、设施分布不均、乡村振兴人才队伍不足等问题。

从村民经济收入构成上看，红塘村的主要收入来源为外出务工（当地人称为"打廉工"），"空心化""老龄化"问题较为突出。茶叶是该村的主要经济作物，但由于人口外流严重，面临茶叶产量低、价格低的问题，具体表现为：村内部分茶园丢荒、产业附加值不高、精细化生产水平较低，整体上难以拉动村民增收致富。具体而言，一是价格低，即鲜叶收购价低和初制茶销售价格低。深层原因在于茶叶种植和生产缺乏品牌经营，价格参差不齐，产业链标准化程度低。二是产量低，由于红塘村从2018年开始实施有机茶叶种植，禁用农药，需施用有机肥，导致人工成本上升，产量下降。三是茶叶与核桃交叉套种，影响茶叶品质提升。茶叶精细化耕作水平有待提升。最后，目前红塘村未能有效建立合作社，农户基本只能依靠自身力量种植和经营，缺乏村集体经济组织力量的支撑。

从村内人居环境看，部分农房仍是旧式瓦房、土房，存在一定老化问题；房前屋后环境质量欠佳，存在地面未硬化，机动车乱停乱放，场地缺乏设计、不够美观等问题（见图4-5）。

图 4-5 村庄房前屋后人居环境有待提升

村内道路路基窄，部分路段未硬底化，且有弯急、坡陡等，导致部分村民小组出行不便；公共服务与市政基础设施总体数量较少，且集中于红木村至村委会小片区域，难以满足行政村内村民日常需求（见图 4-6）。此外，农业基础设施薄弱也制约着村内农业现代化发展。

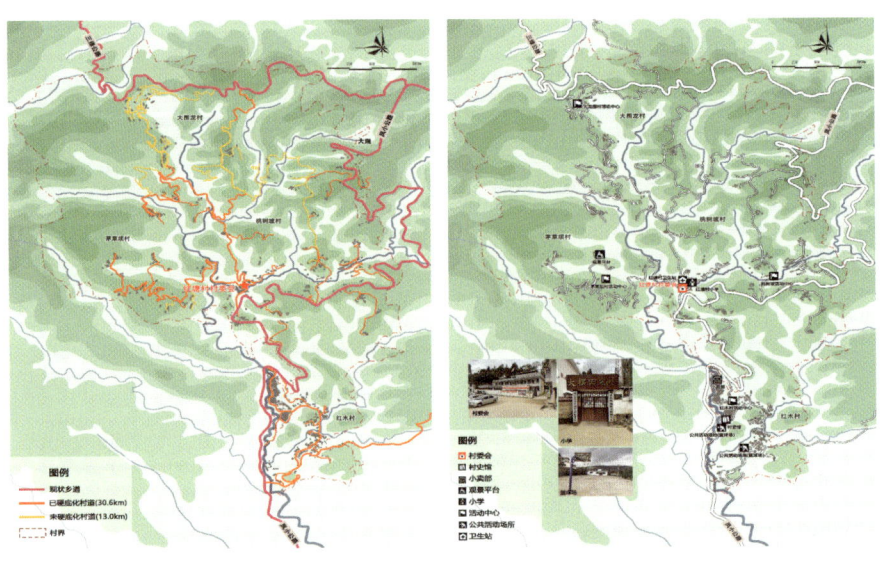

图 4-6 红塘村道路现状图（左）与红塘村公共服务设施现状图（右）

党的第十九届五中全会提出实施乡村建设行动，把乡村建设摆在社会主义现代化建设的重要位置。2022年5月，中共中央办公厅、国务院办公厅印发了《乡村建设行动实施方案》，强调以普惠性、基础性、兜底性民生建设为重点，加强农村基础设施和公共服务体系建设，努力让农村具备更好的生活条件，建设宜居宜业美丽乡村。2022年10月，党的二十大对全面推进乡村振兴作出战略部署，提出要"建设宜居宜业和美乡村"。和美乡村建设强调要坚持乡村建设为农民而建，健全自下而上、村民自治的实施机制，让农民想建设、愿意干、能参与。

基于此，红塘村的规划以建设和美乡村为目标，以美好环境与幸福生活共同缔造为路径，结合生产与生活的需求，以优化乡村空间布局为主要内容，发挥村民主体性，通过尺度适宜、因地制宜的乡村设计等创新方法与思维，实现乡村的生态宜居、村民的生活富足。

第三节　红塘村村庄规划

一、构建"美丽红塘共同缔造工作坊"

"红塘村的穷，并非穷在偏远，而是穷在思路和认识上。深层次原因还是'群众没有被发动起来'，背后是基层党建引领、支部组织、党员带头等方面不足。"这是中山大学第二任驻村扶贫干部蓝澍德第一次从2000公里之外的广州到红塘村调研后的最大感受。因此，抓好党建"牛鼻子"，打造乡村振兴"脑中枢"，是在"十四五"规划期间中山大学对口帮扶红塘村的核心任务。

研究院在红塘村组建"美丽红塘共同缔造工作坊"（见图4-7），将政府、村民、社会、规划师等多元主体组织起来，通过共议村规民约、村民大会讨论等方式，围绕道路广场、公共空间、房前屋后空间、公共服务设施、市政公用设施、产业发展、农房建设、村规民约等村民关心的事项，共谋村庄发展之路，描绘村庄共同愿景与目标，形成发展共识（见图4-8）。

通过多方主体协商共议，形成"雾淡千树茶，云开万家红。香飘千里外，富裕一杯中"的村庄发展愿景，重构以茶为核心的凤庆产业体系的规划思路。红塘村两委经研究，支持将下片四个村小组联合打造成以乡村旅游带动产业发展的示范区；以"把游客请进来，把品牌带出去"为基本思路，着力完善滇红茶产业基础设施建设。根据红塘村建设规划，未来的红塘村将以茶马古道为主轴，以农业农事体验园和采茶观光园为两翼，打造特色乡村民俗旅游区。

美丽红塘 共同缔造

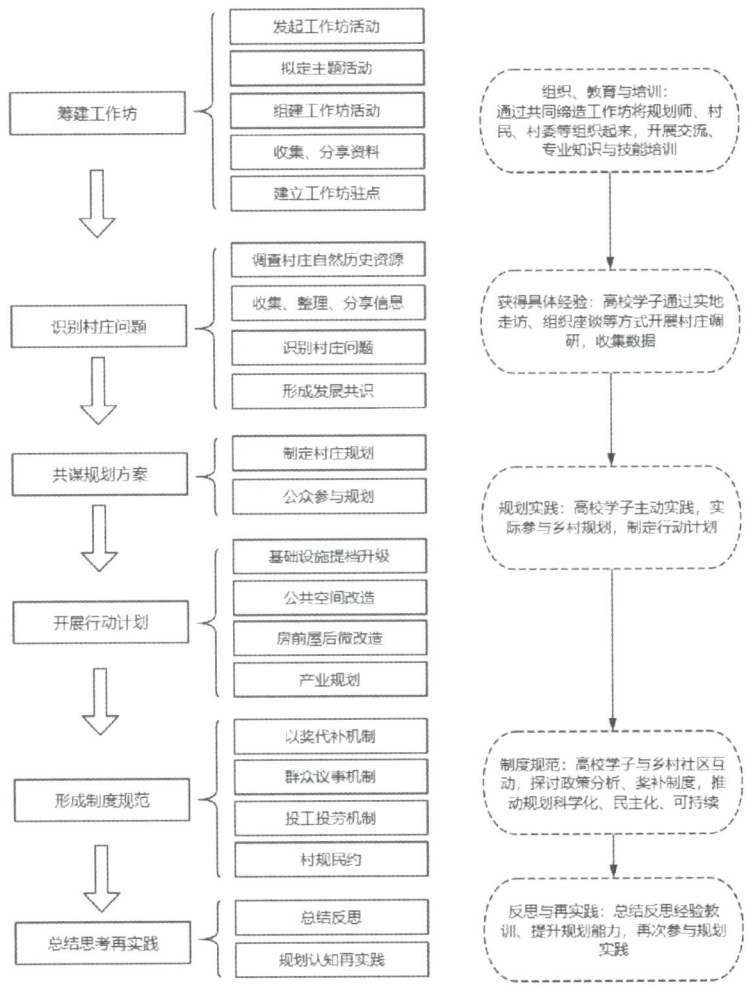

图4-7 美丽红塘共同缔造工作坊工作机制

图4-8 师生在田间地头调研和访谈

二、村庄空间布局优化提升

经过设计团队与村民共议，明确红塘村未来将以茶马古道为主轴，以农业农事体验园和采茶观光园为两翼，打造特色乡村民俗旅游区。结合下片村小组理事会的计划，建设美好乡村，发展滇红乡俗旅游，可从"茶、山、厂、人"四个要素做出文章。

其一，在"茶"上，改良种植模式，提升滇红茶原料品质。从地理条件来看，红塘村的茶叶产区基本分布于山脉阳面，光照充足。红胶土土力肥沃，能够种植出品质优良的滇红茶叶。过去，核桃树与茶树套种的方式，严重影响了茶叶品质。从2022年起，红塘村发动本地群众，在本季核桃下树后，开始对核桃和茶树进行分离种植，形成专门的核桃和红茶生产基地，以确保提升滇红茶原料品质。

其二，在"山"上，修整茶山茶田，开辟采茶体验观光园。红木村的茶山上有两种"宝物"。一是树龄长达80年甚至上百年，且休摘5年以上的老茶树；二是闲置的农房。老茶树枝粗叶厚，制作出的茶叶口感香醇、回甘浓郁、无酸苦味。闲置农房可整合并改造为供游客观园品茶的休闲场所。当地种茶专业户可修整步道，将自家茶山开辟为茶体验观光园，让游客认领茶树，见证生态茶叶的源头生产和管理过程；以老茶树叶打造"农夫懒人茶"乡村品牌；用优质的茶种、特色的茶屋、绿色的茶园吸引凤庆本地和外地游客体验茶乡田园生活。

其三，在"厂"上，再造茶厂活力，开发结合制茶体验和茶业博物展览的旅游产品。红木村拥有历史长达50年的老茶厂，茶厂设备、屋舍保存完好，目前仍是当地的制茶专业合作社所在地。根据规划，茶厂的一部分可改造成为体验和观赏制茶流程、普及茶业生产工艺和民族茶俗历史的公共活动与文化交流空间。

其四，在"人"上，整合本地人居资源，发动村民全面参与乡居旅游基础设施建设。本地农户开放自家待客空间，精心布置礼客环境，保留原真的村居内饰。农户把游客请到自家饮茶、品尝农特产品、观赏民俗物件。使村民成为本地旅游资源的主体要素，充分调动村民参与乡村人居环境建设、发展乡村旅游产业的积极性。发动群众有序整治村容村貌，建设乡村卫生设施（垃圾采集及回收点、公共厕所等），整合、优化旅游活动场所（村民屋院、茶所、老屋、村活动中心、茶山步道等），以保护促旅游，以旅游谋发展，从传统村居生活资源中挖掘旅游文化价值。

基于现状资源禀赋、茶产业配置以及居民生活的需求，红塘村功能分区图得以形成（见图4-9）。规划后红塘村村民聚居区主要被设置在村庄服务组团、村民生活与茶叶生产组团内。其中，村民生活与茶叶生产组团以现状大部分茶园所在地为基底，实现"生活+生产"融合发展；有机茶种植示范组团作为红塘村茶种植示范区，结合本底优势，主要种植有机茶；古茶种植体验组团以现有的两个古茶园、望城关、茶马古道等为主要元素，结合茶叶采摘旅游活动，打造古茶种植体验组团；四季花卉组团位于村委会所在的村庄综合服务组团南部，通过种植特色植物花卉，打造红塘花卉名片；村庄服务组团主要承担村民综合服务与游客旅游服务功能，设置党群服务中心、游客服务站、公共服务娱乐设施集群与少量村民聚集点等。同时，应以西北部山体为基础,划定生态保护红线,为红塘村提供生态屏障,并在未来迎春水库主要区域,设水库保护组团,主要功能为水力发电、农业灌溉等。

针对红塘村当下突出问题,应进行远期规划,以迎春水库为核心,布置两个拓展区,以古茶园建设、有机茶园拓展种植、红木休闲园区为产业发展重点,并以大围龙打歌广场、村委会等公共空间为切入点提升人居环境。主要规划设计节点包括大围龙打歌广场、新村委会、红木休闲园区、老王茶园、新茶厂等(见图4-10)。

图4-9 红塘村功能分区平面图

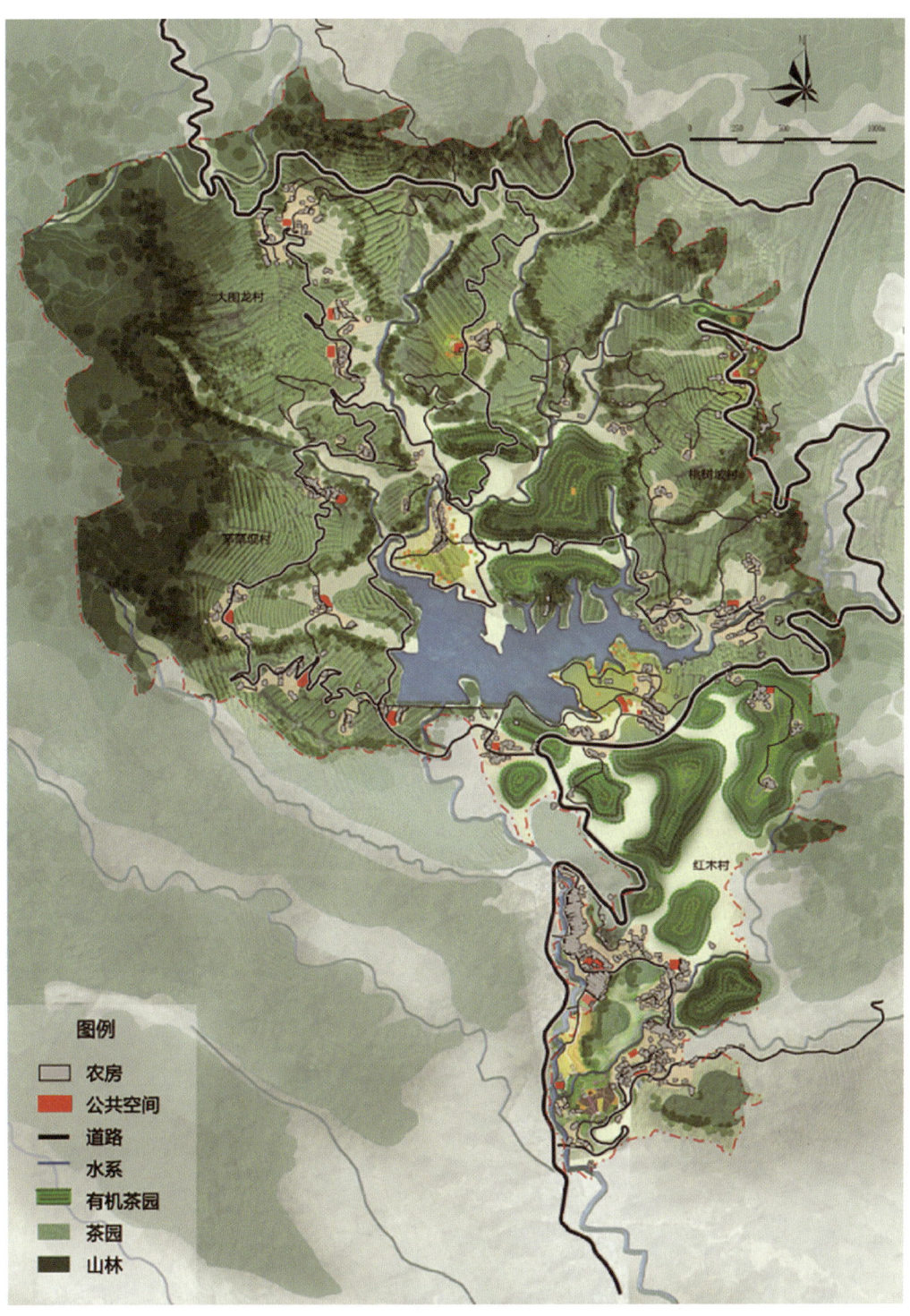

图 4-10 红塘村空间总体布局

三、产业规划

红塘村结合现有资源,以主题公园模式打造红木村休闲园区(见图4-11)。园区内规划产业项目可拆可合,由村集体运营或招商引资。园区分区及各节点设计要素如图4-12所示,团队依照现有资源及特色对菊花园、玫瑰园进行业态植入,并且对茶厂体验制作区、茶马古道游径及茶山户外活动区进行设计。其中,菊花园以小火车、四季花海、花卉工坊、花卉集市为设计要素。玫瑰园通过以雕塑构筑或公共活动空间作为视觉焦点,营造从菊花园至玫瑰园的层次视觉景观。生态采摘与茶香谷以滨水栈道、果蔬采摘、特色竹构建为设计要素。精品民宿利用茶山资源——伴山环境,打造包含综合楼主楼、20间特色房间的民宿,民宿可由村集体运营或招商引资。

图4-11 红木村休闲园区平面图

在茶厂体验制作区,以茶厂资源为基础,打造游客特色体验区,并配置相关设施;在茶马古道游径,以茶马古道为基础,设计游客浏览路线,设置骑行道与慢行步道。在茶马古道游径旁展示当地特色文化,使村民与游客感受红塘文化之美,促进游客与本地农户交流互动,提升红塘茶叶知名度。茶山户外活动区依靠既有 3000 亩有机茶园资源,提供一日游、两日游的户外拓展、徒步游玩路线,结合现有农家乐,增加户外茶山野战等活动,丰富游客体验感(见图 4-12)。

图 4-12　红木村休闲园区节点设计

四、近期、远期公共服务设施规划

红塘村远期将在地势低处,即如今的村委会所在地附近建设一个灌溉水库,水库将淹没一部分农房与公共建筑,居住于此的村民需要搬迁。首先,本着就近安置的原则,在水库周边确定背靠山体、面朝山坡的半山选址,与远处山体相互呼应。其次,应对聚落内部肌理进行设计安排,在地势平坦的区域建设农房,使道路连接不同排列位置的农房,在道路交点的位置布局公共活动空间或设施,并使道路从交点处往外延伸连接到周边的主要道路之上。村庄公共服务设施规划从建设时序上看,可分为近期(水库建设前)规划与远期(水库建设后)规划(见图 4-13)。近期规划主要为补充建设村史馆、休闲公园、公共活动场所、小卖部、观景平台等;远期规划则主要为迁移村委会,按照规划目标新增多个公共活动场所等。

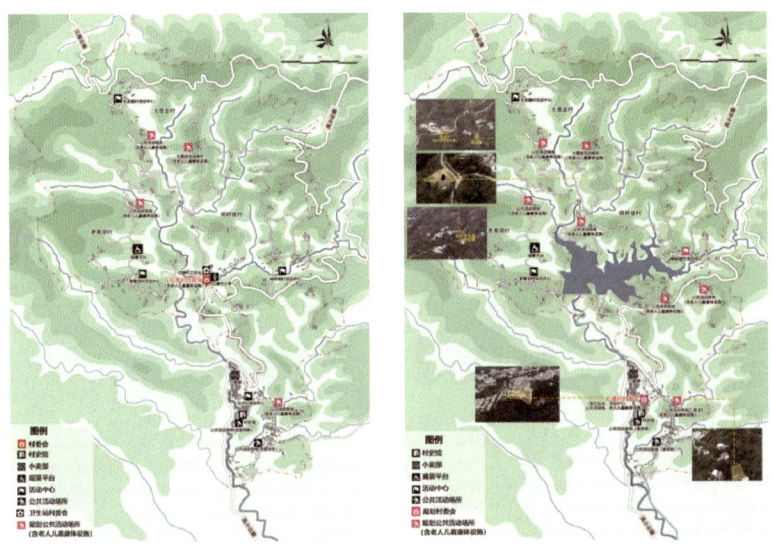

图 4-13　红塘村近期、远期公共服务设施规划图

五、近期、远期道路规划

针对村内道路现状，应补充建设或实施硬底化，以改善村内道路状况，连通各村小组，打通环村通道；同时，应建设产业路以运输茶叶。近期道路规划以硬底化、现状提升与新增道路为主。远期道路规划在近期规划的基础上进一步完善交通系统，同时，根据水库影响对道路进行改道与重新组织（见图 4-14）。

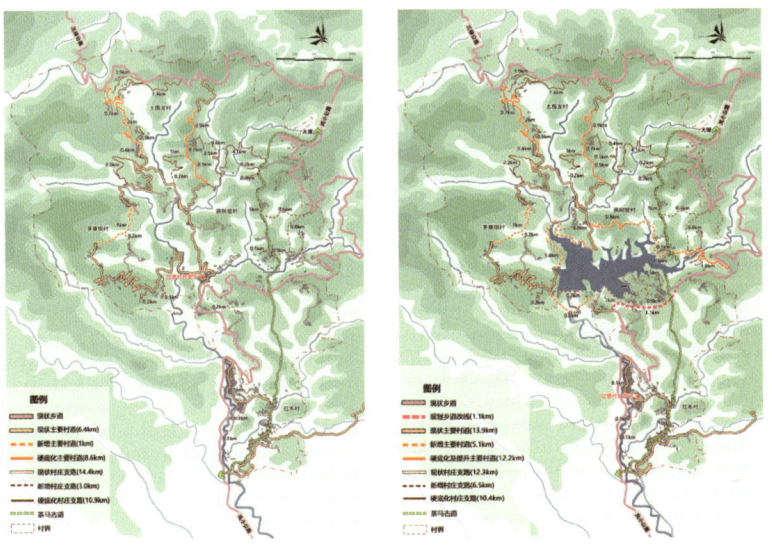

图 4-14　红塘村近期、远期道路规划图

六、节点设计方案

1. 大围龙活动场所节点设计

在该节点设计中,建设选材应优选本地材料,并兼顾防水防腐等需求。广场、停车场等应采用生态铺地,确保节点不脱离场地本质(见图4-15)。活动中心及平台采用钢结构承重,外套空心毛竹(毛竹需要进行防水防腐处理,如用石灰水浸泡、端头胶封、刷清漆等)。中心及观景平台顶部采用钢+毛竹横向承重,上加塑料或亚克力防雨,塑料外包裹本地竹编装饰。会议室采用石砌墙体,由本土杂石堆砌(见图4-16);在长边开窗,正门面向中心内部。大围龙打歌广场总面积2.15亩,其中硬质铺地部分1.28亩,会议室占地0.12亩(见图4-17)。

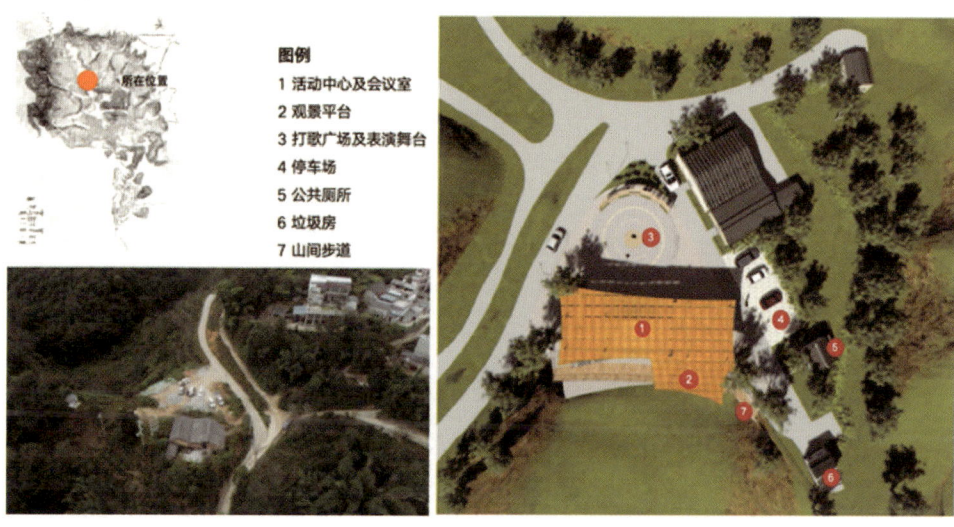

图4-15 大围龙活动场所节点设计图

图4-16 大围龙活动中心效果图

图 4-17　大围龙打歌广场及舞台效果图

2. 新村委会节点设计

该节点设计对传统民居的格局进行变形与重组（见图 4-18），在延续传统空间格局的基础上，利用现有的山水资源打造新的空间格局。具体而言，设计方案提取当地传统民居特色（三围合、大门侧开、干阑架空、坡屋顶），对传统民居的格局进行拆分、虚实变化，保留小围合、入口侧开，利用现有山体水系资源，将建筑实体和架空灰空间结合（可多功能使用），使用绿色空间围合替代传统照壁，植入多尺度活动小空间，形成新空间功能格局（见图 4-19）。新村委会节点总用地面积 11 亩，功能区域包括村委办公区、特色办公区、文化活动区、活动休闲及配套服务区。

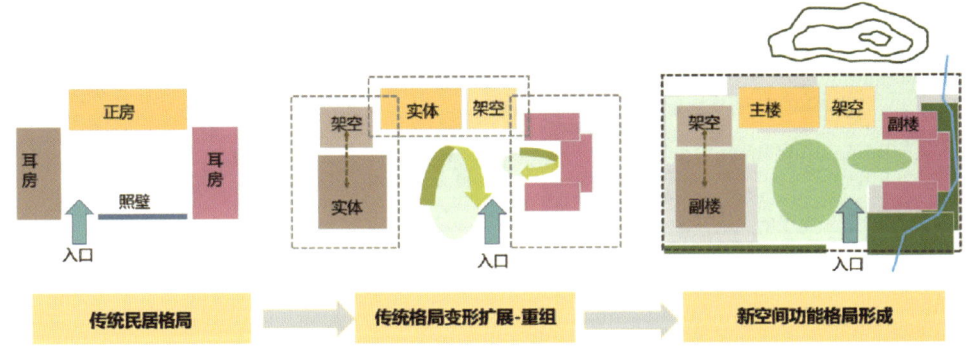

图 4-18　红塘村新村委会节点概念图

图4-19 红塘村新村委会节点设计图

3. 水旱盆景式茶园节点设计

该节点总面积为5.7亩,古茶园占茶园面积的一半以上,为主要的景观组团。其设计理念为微缩着茶马历史、红塘景观的水旱盆景式茶园(见图4-20)。茶园根据种植年份、类型等可以划分为拥有100年、200年树龄的古茶树与新茶树组团,而现有路径基本能够串联这些组团。从空间格局来看,围绕茶园可以形成两条轴线:①"望城关—茶园—县城"的历史轴,在望城关这个抵达县城的前一站,可远眺县城,在茶园这个同一视廊上的节点也可以遥望县城,并追忆茶马古道的故事;②"茶园—茶花—寨子"的景观轴,在稍近处可以看到大围龙停车场的竹廊与大茶花,在远处可以直接看到大围龙的群山和寨子。

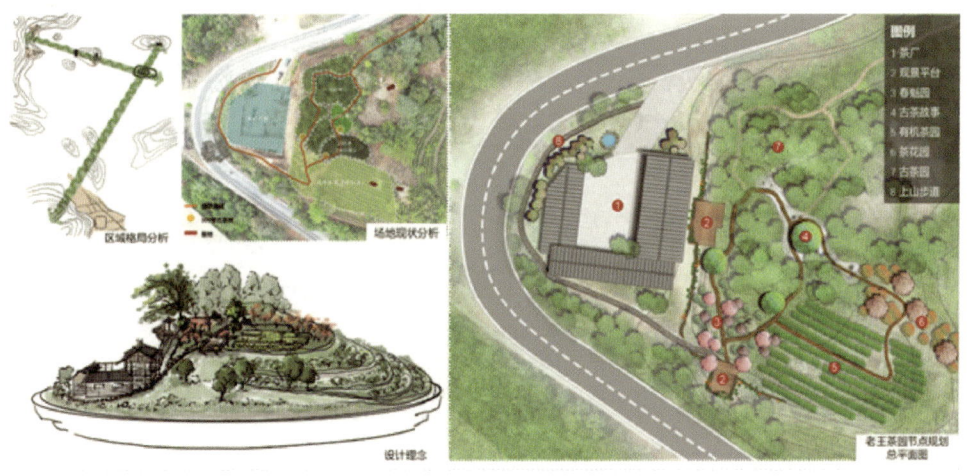

图4-20 红塘村老土茶园节点设计图

设计思路围绕轴线展开。轴线的交点位于古茶园中心一棵300年树龄的茶树附近,因此设计方案围绕该古茶树进行组团式布局(见图4-21左),用步道串联起春(春魁)、夏(新茶)、秋(茶花/兰花)、冬(古茶、清朗的山地景观)不同景观,生成两条特色游线,唤醒场地记忆(见图4-21右)。其中,在茶马历史游线上,围绕古茶树周边抽疏,用细砂石铺地,放置石刻故事;沿线做关于茶马古道故事的石刻,直至观景台。红塘景观游线依次穿过不同季节的景观游线,每个组团突出一个亮点;在观景平台布置凉亭等休憩设施。

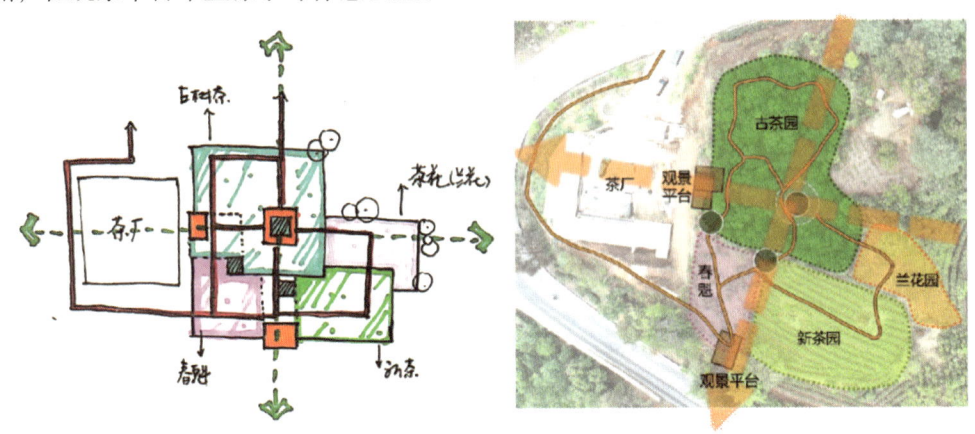

图4-21 红塘村老王茶园节点结构图

新建茶厂的设计(见图4-22)将老茶厂与干栏式建筑的特点相结合,形成新建部分"上部木架构+砖墙"、大挑檐、回廊、一层为吊脚形式等基本特征。辅以新材料与技术,以轻钢为主要材料,外包木材,增强承重与耐用程度。为贴合新建的砖墙,对原有房屋进行青砖贴面或粉刷有质感的外墙涂料。

图4-22 红塘村老王茶园新建茶厂设计图

在古茶树节点中,对古茶树造型进行修剪,在周边2米范围内进行抽疏;用偏白的细砂石铺地,根据小路、树木整出纹理,并沿路在细砂上放置故事石刻(①300茶树的来历;②战乱时/生活艰苦时仍保留茶树;③茶树与茶马古道)。

拟建步道（见图4-23左）分为上山步道、茶园步道及茶园北部步道。其中，上山步道为自然石砌步道，利用当地石材、以混凝土作为黏合材料铺砌而成，在较陡的位置通过砌楼梯的方式保障安全。茶园步道为防腐木步道，由于茶树树根起伏不平，采用抬高的防腐木架设，形成便于行走的步道。茶园北部步道为自然碎石步道，北部由于茶树密集，且开阔空间不多，平时去的人少，因此可以在平整路径后，采用成本较低的碎石铺地。

景观平台（见图4-23右）顶部以钢结构搭建，采用瓦片、钢或竹子形成光影效果。南侧的观景台主要供游客眺望县城、回忆茶马故事，应保证其视野开阔，在其地面或周边配以茶马古道的线路走向（顺下线的）和与红塘相关的故事，同时，在观景台设置一定的遮阳设施，使得游客眺望县城的时候避免烈日曝晒。北侧的观景台主要供游客远眺山地、蓝天与村庄的自然景观为主，同时提供一定的遮阴、停留与休憩空间；采用坡顶的观景亭形式，用轻钢搭建亭子的骨架；朝向大围龙的一侧采用玻璃围合，以使游客看到更多的景观；靠近茶园一侧采用混凝土围合，使空间具有有一定私密性。

图4-23　红塘村老王茶园步道（左）与景观平台（右）设计图

4. 有机茶厂节点设计

有机茶厂节点设计（见图4-24）吸收顺宁茶厂传统建筑元素，以增强有机茶厂的历史文化特色。茶园兼具观光、采摘、体验等功能，呈现特色自然景观。同时，设计方案中还包括建设观景亭、冯绍裘先生（中国机制茶之父）雕塑等设施，打造村民与游客停留、休憩的公共空间。

图4-24 红塘村有机茶厂节点

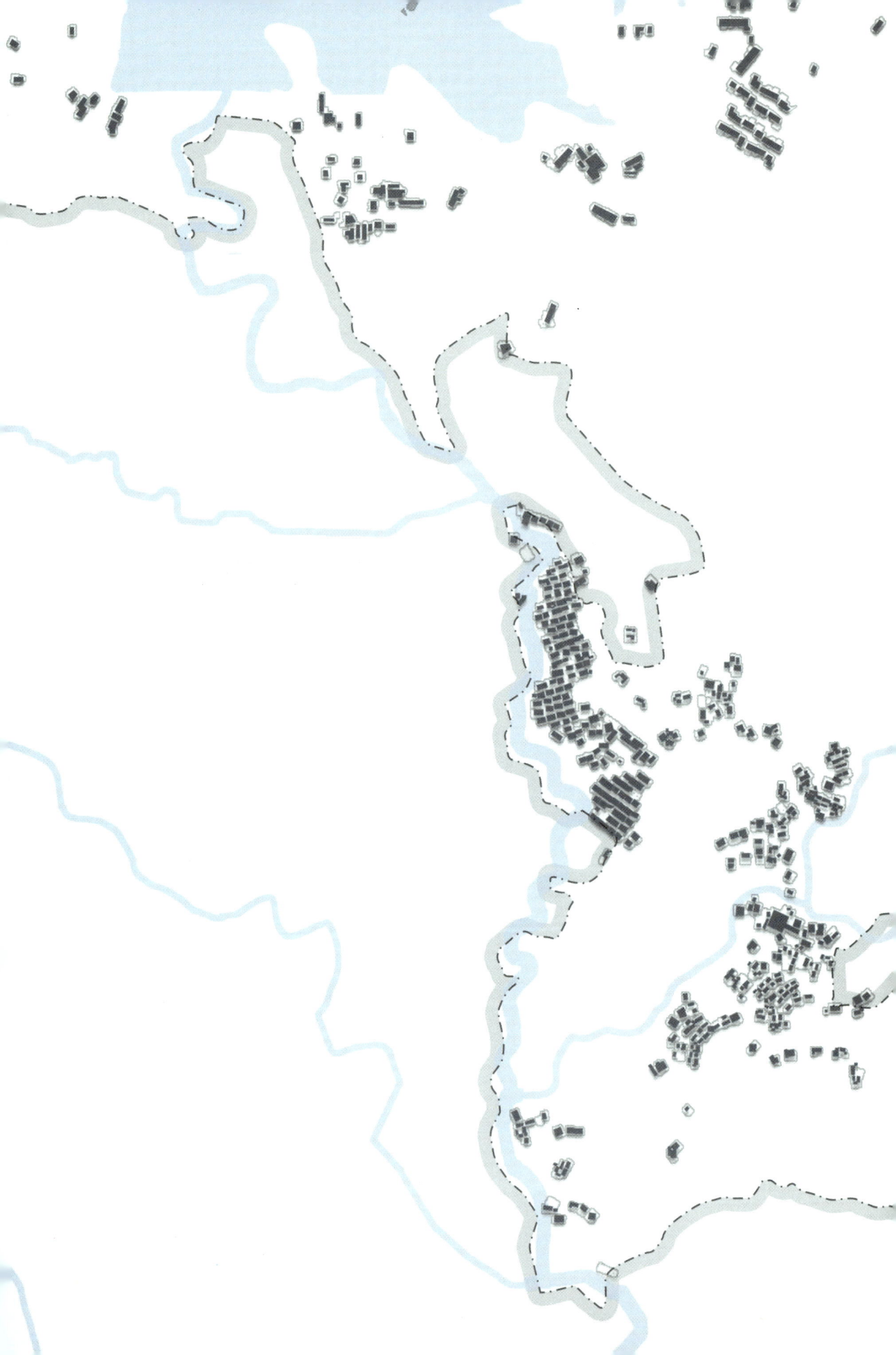

第五章
红塘村房前屋后设计改造

本章内容

本章通过详细描述红塘村"四小园"共同缔造的建设模式与实践探索,展示了党建引领、村民主体、师生参与的三位一体共建模式。实践内容包括选点、与户主确定方案、在地共建、制定以奖代补制度及成果展示,突出共同缔造在改善人居环境、提升村民幸福感和社会关系重构中的实际效果。

"家家户户都有打理房前屋后的习惯，我们应该要利用好村民这个习惯，带动村民参与到乡村人居环境建设中。"这是李郇教授第一次到访红塘村并深入调研后的发现，同时，李郇教授提出以人居环境建设为载体，从村民身边的事情做起，从房前屋后做起，发动群众、组织群众，推动乡村文明建设和有效治理，打造美好红塘村。2021年12月，团队师生开始与村民共谋房前屋后"四小园"的改造。

第一节 红塘村"四小园"制度建设

在中山大学对口帮扶模式下，各级党组织和红塘村村"两委"以党建促乡建，发挥基层党组织核心领导作用与基层党员先锋模范作用，有效推进了小菜园建设与长效管护，促进了乡村秩序的建立与治理氛围的形成。此外，研究团队与村委共同商讨小菜园可持续建设机制，确定了以奖代补、量化评测等制度保障。

一、强化村"两委"制度建设保障

在小菜园建设全周期中，团队与村"两委"密切交流，积极沟通。一方面，团队工作开展获得了村"两委"的大力支持；另一方面，团队协助村"两委"工作人员不断提升治理水平与治理能力，为小菜园可持续建设提供坚实的制度保障。

在小菜园建设前期，村"两委"为小菜园建设选点提供了帮助与支持。一方面，村"两委"为更好发挥示范效应，优先选取了靠近主路的人家作为第一批试点，为后续红塘村综合节点的打造奠定良好基础；另一方面，村"两委"协助团队完成入户调研工作，有效搭建了团队与村民群众之间的沟通桥梁，推进了方案沟通、实施与后续跟踪反馈（见图5-1）。

图5-1 时任红塘村村支书郭洪生书记在选点调研中与村民交流（左），
时任红塘村村支书郭洪生书记参与小菜园建设实践（右）

在建设过程中，一方面，村"两委"身体力行，在村支书与中山大学驻村第一书记的带领下，村委的工作人员多次参与到小菜园建设实践中，与村民共同劳动，鼓舞了村民的建设热情［（见图5-1（右））（见图5-2（左）］；另一方面，村"两委"积极与团队探讨小菜园可持续建设机制，为小菜园建设提供制度保障。研究团队通过与村委、村小组、村民代表等召开座谈会、列席村委工作例会、入户访谈等多种形式，就小菜园建设的试点标准、建设标准、监督机制、能力建设与村委工作制度等展开讨论［（见图5-2右）（见图5-3左）］。在团队的协助下，红塘村村委通过了《凤庆县凤山镇红塘村人居环境提升"以奖代补"实施办法》，明确了管理规定、申请流程、奖励条件、奖励标准等条款，鼓励村民积极参与小菜园建设，动手改造房前屋后人居环境［（见图5-3（右）］。同时，团队建议建立农户评分量化制度，由设计团队、村委会、村民们共同对各户小菜园建设打分，加强村民对小菜园的管护意识。

图5-2　红塘村村"两委"工作人员参与小菜园建设实践（左），
团队旁听村委例会（右）

图5-3　团队与村民代表、村小组长以及党员座谈（左），
团队与村委交流小菜园建设制度（右）

团队通过激活基层党组织，发挥基层党员带头作用，切实提高了村民共建共享的

积极性。在初期，村民们对于小菜园建设以及共同缔造的理念是陌生的，存在一定质疑。只有让村民们切实认识到小菜园建设的价值、认可共同缔造的理念，小菜园的建设才能发挥最大效用，在提升红塘村人居环境的同时推进乡村治理现代化。为此，团队在村内开展了第一批菜园试点建设，并充分挖掘基层党员力量，选取了在村内群众基础较好的党员张国凤大姐家，开展第一户小菜园建设。在建设过程中，党员张大姐利用自己在村内良好的号召力，吸引了一批邻里好友共同参与建设，为小菜园建设开了个好头。在师生团队、村委和村民们的共同努力下，在小菜园启动建设一周后，菜垄小路整齐干净，蔬菜花卉相映成趣，成为红塘村独特的风景。

二、设立以奖代补制度

在与村民共同建设小菜园示范点的过程中，师生团队与村委讨论并确立了《凤庆县凤山镇红塘村人居环境提升“以奖代补”实施办法》《凤庆县凤山镇红塘村“小菜园”实施推进办法》（见图5－4）以及互帮互助规则：上一家做小菜园的农户一定要帮助下一家进行建设，推进小菜园建设制度化。此外，团队还设立了公共花园，正在改造小菜园的户主可以拿走三盆花，这也是另一种形式的以奖代补。通过小菜园建设，村民与村民、村委与村民之间的关系逐步稳定并深化，促进了治理体系的形成。

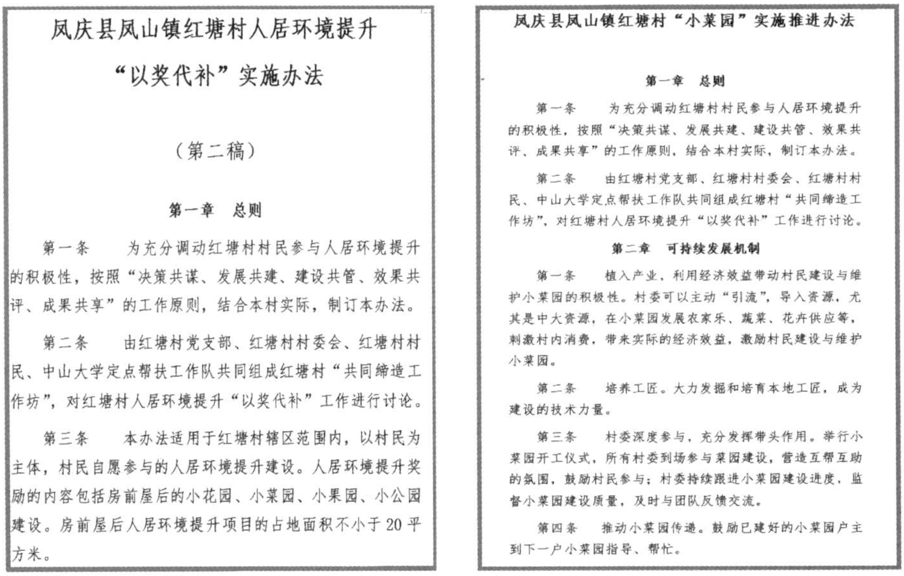

凤庆县凤山镇红塘村人居环境提升

“以奖代补”实施办法

（第二稿）

第一章　总则

第一条　　为充分调动红塘村村民参与人居环境提升的积极性，按照“决策共谋、发展共建、建设共管、效果共评、成果共享”的工作原则，结合本村实际，制订本办法。

第二条　　由红塘村党支部、红塘村村委会、红塘村村民、中山大学定点帮扶工作队共同组成红塘村“共同缔造工作坊”，对红塘村人居环境提升“以奖代补”工作进行讨论。

第三条　　本办法适用于红塘村辖区范围内，以村民为主体，村民自愿参与的人居环境提升建设。人居环境提升奖励的内容包括房前屋后的小花园、小菜园、小果园、小公园建设。房前屋后人居环境提升项目的占地面积不小于20平方米。

凤庆县凤山镇红塘村“小菜园”实施推进办法

第一章　总则

第一条　　为充分调动红塘村村民参与人居环境提升的积极性，按照“决策共谋、发展共建、建设共管、效果共评、成果共享”的工作原则，结合本村实际，制订本办法。

第二条　　由红塘村党支部、红塘村村委会、红塘村村民、中山大学定点帮扶工作队共同组成红塘村“共同缔造工作坊”，对红塘村人居环境提升“以奖代补”工作进行讨论。

第二章　可持续发展机制

第一条　　植入产业，利用经济效益带动村民建设与维护小菜园的积极性。村委可以主动“引流”，导入资源，尤其是中大资源，在小菜园发展农家乐、蔬菜、花卉供应等，刺激村内消费，带来实际的经济效益，激励村民建设与维护小菜园。

第二条　　培养工匠。大力发掘和培育本地工匠，成为建设的技术力量。

第三条　　村委深度参与，充分发挥带头作用。举行小菜园开工仪式，所有村委到场参与菜园建设，营造互帮互助的氛围，鼓励村民参与；村委持续跟进小菜园建设进度，监督小菜园建设质量，及时与团队反馈交流。

第四条　　推动小菜园传递。鼓励已建好的小菜园户主到下一户小菜园指导、帮忙。

图5－4　小菜园建设制度节选

三、设立共评制度激发共建

2023年8月和2024年5月,为促进小花园的可持续发展、保持小花园的整洁有序,团队面向全体村民举办了两次小菜园建设评比活动(见图5-5、图5-6)。团队与村民一起,以"美观、整洁、管护、特色"为标准对完成建设的小菜园进行评比,并对优胜者给予一定的奖励。举办小菜园小花园共评活动,一方面能够促进村民参与小菜园建设的主观能动性,另一方面以已完工的小菜园为窗口,向其他村民展示小菜园建设成效,带动其他村民积极参与小菜园建设。这种评比和奖励的方式,能够激发村民们对小菜园建设的积极性,形成良好的共建氛围。

图5-5　2022—2023年小菜园建设评比活动

图5-6　2023—2024年小菜园建设评比活动

四、构建长效管理机制

小菜园建设是农房房前屋后改造的重要内容,对乡村人居环境提升有重要意义。而作为私人空间与公共空间的过渡,小菜园承载着双重属性,如何实现对其长效维护是关键问题。在小菜园建设中,研究团队线上沟通与线下驻点双线并行,持续跟进小菜园建设情况。团队与村民一起拟定了小菜园管护制度（见图5-7），建立了红塘村小菜园户主微信群，在群内与村民们交流小菜园现状，提醒村民们持续养护以及分享各地小菜园建设案例等。同时，通过定期回访、实地调查，团队对小菜园的建设、维护与管理进行评价，与户主深入交流与讨论，共谋小菜园修整方案。

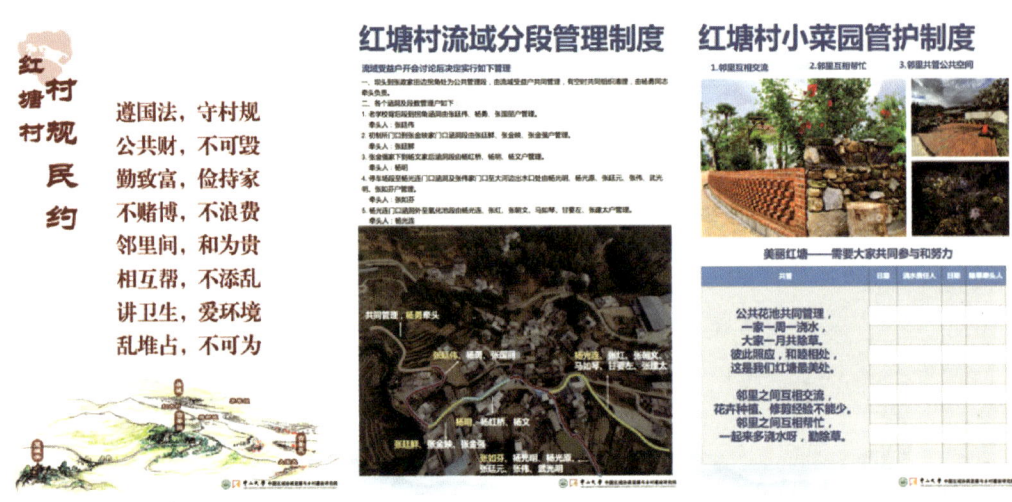

图5-7　小菜园管护制度

第二节　红塘村"四小园"建设实践

在基层组织逐渐完善、乡村社会逐渐多元的背景下，规划不能囿于传统的自上而下方式，而应当以村民为主体，以公众参与为核心，深入调研，扎根实践，凝聚乡村发展共识，培养村民自组织能力，推进乡村治理现代化。相应地，在乡村规划中，规划师的角色从传统的权威专业者转变为规划的组织者、协调者和引导者，起到联结政府、公众、乡村以及乡村组织等多元主体的作用。在此过程中，研究团队参与了小菜园建设全周期的工作，开展了选点调研、方案设计以及施工实践工作，根植红塘，实现了规划知识与地方知识的有序互动。

2022年5月11日至5月17日，团队一行14名师生第四次走进凤庆，住村历时7天，前后经过5版方案沟通修改，以及对近10个局部节点设计的讨论，团队与红塘村村委、村民张国风一家、众多村民朋友携手打造了红塘村第一个小菜园。

一、选点

"四小园"建设是开展"美丽红塘，共同缔造"工作的重要抓手，是推进共同缔造实验的重要平台。为加强村民们对共同缔造行动的信任与认可，团队开展了示范点建设。

2021年10月，团队进驻红塘村。团队从村委处获取基本村情，向村委介绍"四小园"建设的意义，了解建设可行性与村民的建设意愿。村委是连接设计团队与村民的桥梁，带领团队全村走访、沟通，并提供选点建议。在此基础上，团队初步选定6户作为第一批小菜园建设试点。团队对6户备选点进行进一步实地调研与入户访谈，了解小菜园的场地情况和村民的建设需求，并进行初步方案设计与经费预算。同时，团队依托学校向企业、校内党支部与师生募捐，多方筹措改造资金。

2022年5月，启动资金到位后，团队在与村委商议后选取了参与积极性最高、家庭构成与场地条件最具代表性的党员张国凤家作为改造示范点，开展小菜园建设工作。

二、设计团队与户主确定方案

正式建设之前，设计团队在村委和小菜园户主的陪同下入户调查场地情况，收集场地数据，对即将改造的小菜园场地的基本条件进行全方位的了解。需要掌握的场地基本条件包括菜园面积、菜园入口位置、现状功能、需要清理的杂物、可以利用的杂物、菜园的植物构成。

同时，团队与户主充分沟通，了解户主的个人基本情况、家庭构成、经济水平、建设诉求等，并与户主讨论初步设计方案，根据户主提出的需求与想法，不断调整、细化，形成中期方案（见图5-8）。

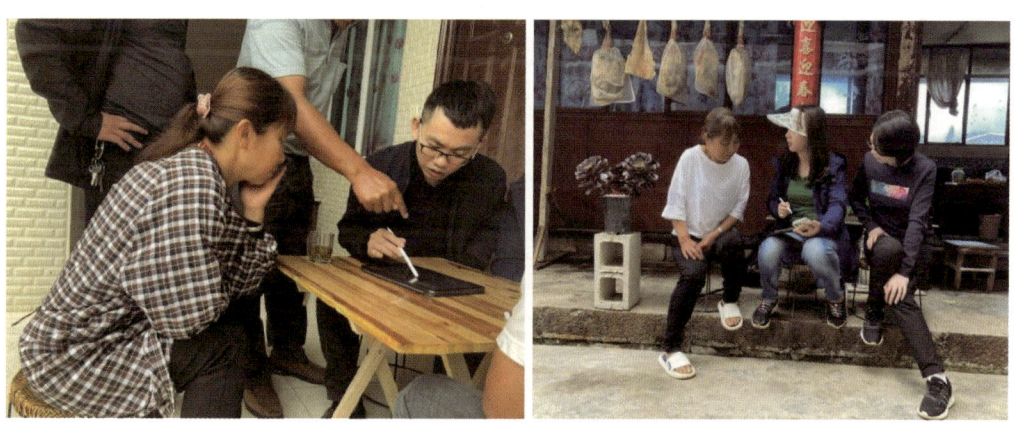

图 5-8 团队与户主沟通设计方案

户主指出，初步方案（见图5-9）中菜地划分过细，不方便种菜。团队讨论后对方案进行了相应调整与深化（见图5-10）。在之后的实地调研中，经过多方沟通，团队决定将房前空地纳入设计范围，作为公共活动场所，现场完成方案修改（见图5-11）。对此，村民们指出，图中车位设计不便于停车，且后续外围植物生长容易遮挡内部景墙设计。团队经过与村委、户主及工匠们的反复讨论，最终建设方案如图5-12所示。

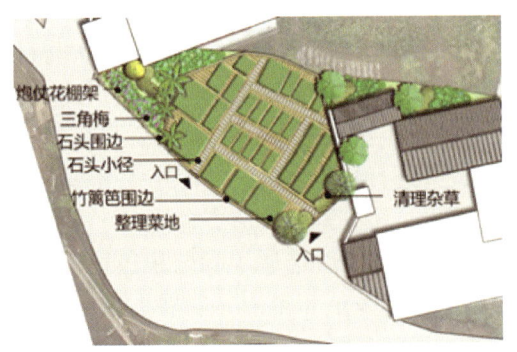

图5-9 初步设计方案

图5-10 讨论后深化方案

图5-11 现场修改方案

图5-12 最终建设方案

户主对小菜园提出的功能诉求之一是保留围栏（见图5-13），防止走地鸡啄食蔬菜，围栏既需有一定高度，又要经久耐用。设计团队经过与户主的反复确认，最终确定围栏的高度为0.9米，使用材料为本地红砖。底部用空心砖追道路平面，既节约了红砖用量又有利于排水。结合美观需要，红砖围栏的砌砖方式选择交叉镂空（见图5-14）。此外，小菜园日常主要由张国凤大姐一人管护。张大姐提出，希望小菜园内的花草可以既美观又便于打理。因此，团队进行了详细的景观设计（见图5-15）。

小菜园内原有瓜果棚里的植物混杂，与旁边的桃树纠缠在一起，导致瓜长不好、果长不大，还十分容易长虫。同时，乱成一团的瓜、果、树与棚也严重影响了小菜园的景观。团队与户主、工匠们一致决定采用村庄现有的竹子与树木重新搭建瓜果棚，重新梳理藤蔓蔬菜。

第五章　红塘村房前屋后设计改造

图5-13　小菜园改造前的铁丝围栏

图5-14　小菜园改造后的红砖围栏

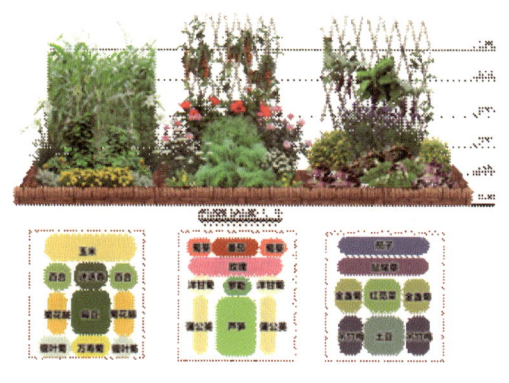

图5-15　小菜园景观设计（左为立面图，右为效果图）

三、根植乡土，在地共建

在乡村小菜园的建设中，应充分发挥乡土优势，利用好本地资源，在美观、安全、方便等设计原则基础上，结合户主的功能诉求，设计富有乡土特色的小菜园景观。通过开展建设前的场地清表工作，整理出可以利用的闲置材料和可以保留的已有花木，以作备选。在方案设计的过程中，团队成员积极与户主、施工工匠、村小组、村委等交流，综合多方需求与意见，兼顾美观性与实用性。团队因地制宜，就地取材，利用了户主自家闲置或废弃的材料、木桩、石头、竹子等（见图5-16、图5-17），既节约成本又彰显了乡土意趣。

图 5-16　团队成员参与修建小菜园竹篱笆　　图 5-17　团队成员与村内工匠一起建设

小菜园入口是重要的景观界面，在入口墙体的建设中，团队就地取材，充分保留乡村特色。入口挡墙使用了旧瓦片、老青砖等闲置材料，辅以鹅卵石块，还随机留空，巧用废弃树根作为花盆摆放其中（见图 5-18），增添趣味。入口铺地采用闲置青砖，与小菜园内部小路的红砖进行区分。闲置青砖有大有小，正好可以组成错落有致的拼贴图案。菜园小门使用废弃木材拼装，镂空样式，颇有"满园春色关不住，菜园风光穿门出"之感。入口处的墙面用于营造趣味景观。红塘村以种茶为主业，特色墙面设计了茶叶形状的装饰物，将路边枝条加工成圆形木块，再请村民邻里与设计团队共同题字献上祝福，拼贴成有特色、有新意、有温度的"邻里和睦墙"（见图 5-19）。

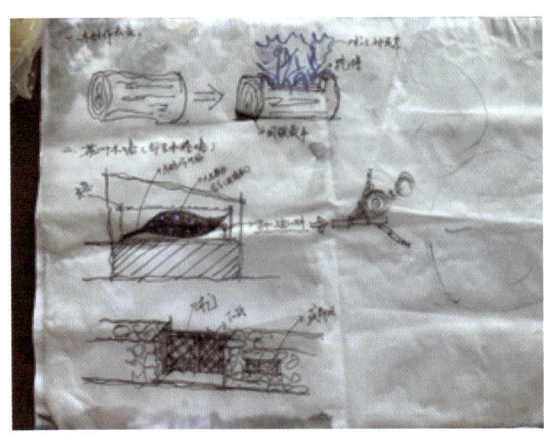

图 5-18　小菜园入口设计　　　　　　　　图 5-19　邻里和睦墙

小菜园的建设是共同缔造的过程，不仅有户主的全程参与，还联合了设计团队、村干部、户主邻居以及亲朋好友的共同力量（见图 5-20）。户主不仅承担了场地清表工作，对闲置材料进行收纳与规整，还是施工建设的主要出力方（见图 5-21）；设计团队不仅重视方案设计，而且切实参与方案落地的过程，对施工进行调整与指导

（见图5-22）；户主的亲朋好友也时常过来帮忙（见图5-23）。大家分工明确，互帮互助，小菜园的建设现场充满了欢乐。

图5-20　团队与户主、村委、工匠师傅讨论内部铺路

图5-21　户主张大姐进行场地清表

图5-22　设计团队与村民共同种花

图5-23　户主张大姐与邻里好友一起上山采竹

第三节　红塘村"四小园"建设实践成果

当行动与成效直观可见时，村民的建设积极性显著提高，第一个小菜园的在地展览式建设成为有力的示范，吸引了近30户村民向村委会咨询小菜园建设事项或现场邀约设计服务。在制度保障与充分调研的基础上，团队与村委交流意见，确定了下一批小菜园建设试点名单，开始新一轮规划与设计。

一、杨大哥家：多样化景观与家庭聚会空间营造

第二个小菜园的建设选在了村内主路旁的杨大哥家。设计方案包括多肉植物园、绣球花丛、空心砖高台及烧烤区的设置，为家庭提供多样化的娱乐体验（见图5-24）。同时，碎石铺地与红砖菜池的结合，既满足了实用需求，又增强了庭院的功能性。这一设计使得庭院成为家庭聚会、休闲娱乐的理想场所（见图5-25）。

建设初期，户主自己和聘请的两位工匠开展工作。设计团队师生介入后，充分运用共同缔造理念，与户主共同完成砍竹、运沙、砌墙等工作，进行参与式建设。村委也积极加入，发挥带头作用。在共同缔造理念带动下，邻里逐渐参与其中，协作互助。户主杨大哥更开心地表示，他将积极协助后续村内其他小菜园建设，形成小菜园建设的"传帮带"。

图5-24　杨大哥家小菜园设计平面图（左）、改造现场图（右）

图5-25　杨大哥家小菜园建成图

二、张老师家：业态活化与生态改造

张老师家经营着一家渔庄农家乐，其小菜园同样位于主路旁，主要需求是卫生环境和硬件设施的提升，以确保顾客有舒适体验。小菜园设计思路围绕渔家乐主题展开，考虑到场地内有水塘和养鱼，设计了动静分区，以满足品茶、聚会和游戏等不同活动的需求（见图5-26）。同时，专门设置了烧烤区域，增强了娱乐体验。此外，农家乐还融入了中药材的种植，通过打造特色菜式，如鱼宴和药膳等，丰富了餐饮选择，还提升了整体吸引力。这些设计与布局使得渔庄农家乐成为一个集休闲、娱乐和美食于一体的理想去处（见图5-27）。

图5-26　张老师家小菜园设计平面图　　图5-27　张老师家小菜园建成图

张老师家小菜园作为村内的农家乐，承担村内产业发展与旅游对接的重任。团队师生、村委和村民共同参与建设，主体更加多元化（见图5-28）。团队也在与村民们同吃同住同劳作的过程中，拉近了与村民们的距离，获得充分认可。

图 5-28　张老师家小菜园共同缔造过程

三、梅大哥家：自然景观的多样化改造

红木自然村小菜园试点带动了其他自然村的村民参加小菜园改造，团队将工作延伸到更远的其他自然村，开启了"半山居""梅园"等小菜园的设计和建设工作，努力实现小菜园建设全覆盖。

"半山居"选点位于茅草坝村，在凤小公路旁，是一座 2016 年建成的自建农房。户主是 41 岁的梅大哥，主要从事茶叶种植工作，并在县外务工。他家以前是贫困户，于 2018 年脱贫。全家共有六口人，包括两位老人、夫妇两人及他们的两个孩子。房前有 240 平方米的空地，供家庭日常使用。

设计思路旨在提升整体环境美感。设计中包含了多肉植物园的建设，对茶树进行修剪，同时对沿街景观面进行布局，设立花卉园（见图 5-29）。团队老师就地进行方案的调整与完善，并参与施工（见图 5-30）。这些改造使得梅大哥家的居住环境焕然一新，既提升了家庭的生活品质，也为周边环境增添了亮点（见图 5-31）。

第五章 红塘村房前屋后设计改造

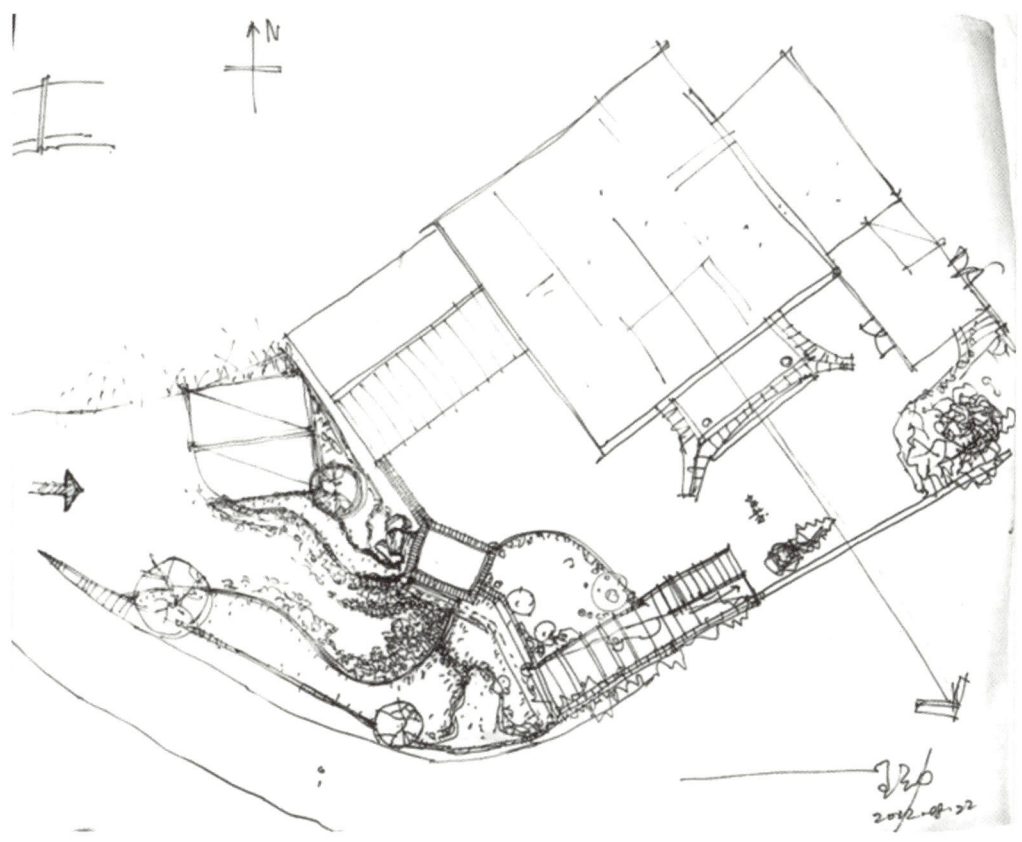

图 5-29 梅大哥家"半山居"设计平面图

图 5-30 团队师生正在绘制方案并参与施工

图 5-31　梅大哥家"半山居"建成图

四、梅组长家：景观与实用功能兼具的生态设计

为提升"梅园"选点的小菜园的环境，团队设计利用景墙和围栏将原有自留地划分为多个功能区，种植时令果蔬及花卉，打造兼具观赏和采摘功能的果蔬花园（见图 5-32）；在沿栈道一侧保留现有老屋基地并进行改造，同时对周边景观进行美化（见图 5-33），布置节点景观及小品。景观围栏将采用特色竹子材质，兼具景观与实用功能。该设计使得梅组长家的小菜园焕然一新（见图 5-34）。

图 5-32　梅组长家"梅园"设计平面图

第五章 红塘村房前屋后设计改造

图 5-33 梅组长家"梅园"设计图

图 5-34 梅组长家"梅园"建成图

五、梅氏兄弟家：以兄弟和睦为主题的一体化设计

随着小花园一个个逐渐建成，村民们的建设自主性也有所提高。在新冠疫情期间，小花园建设同样并未中止，团队成员采用线上跟踪指导的方式与村民一起继续建设小花园。

在团队成员的线上指导下，村民自主建设了梅氏兄弟家"心连心"小花园。团队通过对两个小花园进行一体化设计，体现兄弟和睦的主题。小花园的设计为"心连心"，主要采用几何形规划了三个园，通过方砖主路联系起来。整个小花园通过三个不同几何形态的园区以及连接它们的方砖主路，将兄弟两人的小花园融合为一体，营造出"兄弟同心"的主题（见图 5-35）。设计方案中巧妙地融合了一些装饰元素，如由轮胎改造的花盆、简易木制动物和心形墙饰等，为小花园增添了趣味和个性。同时，具有特色的路径踏板和茶台区域，以及镂空围栏，增加了整体的美观度和趣味性（见图 5-36）。

图 5-35 梅氏兄弟家"心连心"小菜园设计平面图

图 5-36 梅氏兄弟家"心连心"小菜园改造效果图

六、彭大哥家：分区营造多功能小花园

彭大哥家的小菜园同样为团队成员线上跟进指导村民与村内工匠线下自建的成功案例。小菜园设计以打造一个功能完善、景观优美的小型停车场为核心，兼顾停车功能与景观美化，通过多个场景与分区，营造出一个舒适、宜人的户外空间（见图 5-37）。小菜园在满足基本停车功能的基础上，通过巧妙的景观布局和丰富的装饰元素，打造了一个既实用又美观的小型停车场，为来访者提供了一个舒适、愉悦的停车和休闲环境（见图 5-38）。该小菜园在评比中获得优秀成绩，充分体现乡村工匠在共同缔造中的重要作用。

第五章 红塘村房前屋后设计改造

图 5-37 彭大哥家小菜园设计平面图及改造后效果图

图 5-38 彭大哥家小菜园改造后效果图

七、张大哥家：孩童嬉戏的童稚园

张大哥家希望为孩子们提供一个安全、愉快的游玩空间，师生团队决定以儿童乐园与家庭娱乐为主题（见图 5-39），充分利用闲置空间，种植了向日葵、三角梅、红茶花、报春花和绣球等花卉。花园内设置了儿童乐园，配备沙地和各种娱乐设施，旨在为孩子们提供一个安全、愉快的玩乐空间。这一设计不仅提升了家庭的生活质量，也为庭院增添了活力，使庭院成为儿童欢聚的乐园（见图 5-40）。

图 5-39 张大哥家小菜园设计平面图

图 5-40 张大哥家小菜园改造后效果图

八、王大哥家：乡村庭院的红砖绿意

王大哥家的庭院位于村庄主要道路旁，空间宽敞但绿化较少，庭院环境相对简单。为了改善居住环境，设计中主要采取了以下措施：铺设红砖道路，提升庭院的实用性与美观性；设置竹制围栏，增添乡村自然风格并划分空间；布置遮阳伞，为户外活动提供遮阴区域；通过种植茶花、三角梅等植物以及布置盆栽，丰富庭院的绿化层次；特别是将炮仗花种植在红砖围栏上，营造出垂挂式绿化效果；同时，使用红砖进行围栏收边，细化设计，提升整体庭院的美观度和实用性。整体设计既融入了本地植物特色，又兼顾了舒适与美感（见图5-41、图5-42）。

图5-41 王大哥家小菜园设计平面图

图5-42 王大哥家小菜园建成图

九、孙大哥家:花鸟共生的庭院美学

孙大哥家的庭院设计主题为"花鸟之歌"(见图5-43、图5-44),在庭院沿围墙种植三角梅,让其自然生长并延伸至围墙外,形成自然的景观延续效果。同时,选用了双开窗窗台,在窗台上种植花卉,增添了绿色元素;并通过墙绘装饰空白墙面,使整个庭院空间更具艺术感。在花卉种植区,采用嵌草石砖作为步道,营造自然质朴的行走体验;设置垂直吊兰墙与兰花盆景,丰富了立体绿化效果。此外,设计了碎石花池和多肉搭配鹅卵石的组合,增强了庭院的层次感与趣味性,整体设计注重自然与艺术的结合,体现了美观与实用兼备的风格(见图5-45)。

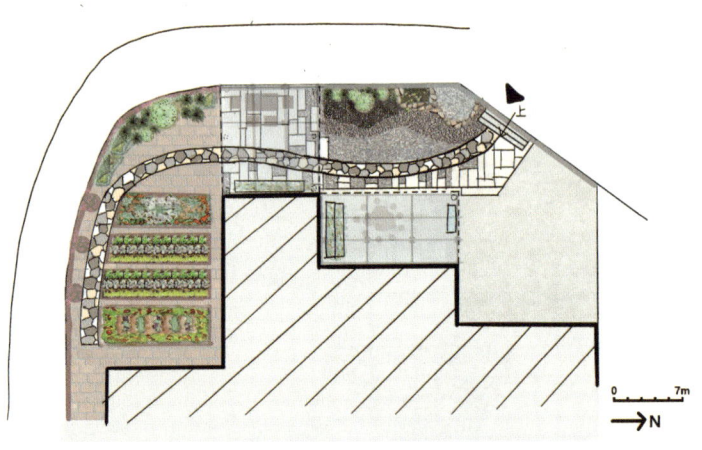

图5-43 孙大哥家小菜园设计平面图

图5-44 孙大哥家小菜园手绘设计图

第五章 红塘村房前屋后设计改造

图5-45 孙大哥家小菜园改造后效果图

十、郭大哥家：盆栽打造绿美景墙

郭大哥家的小花园由于地势原因，具有场地高差较大。团队充分利用小花园的地形特质，设计将中间区域打造成为阶梯式观景步道，两侧用盆栽种植多肉植物等并摆放成景墙（见图5-46）。人移步到不同的位置，可以观赏到不同的花草，步道的高差也为小花园带来了独特的游览体验（见图5-47）。

图5-46 郭大哥家小菜园手绘设计图

图 5-47 郭大哥家小菜园改造后效果图

十一、公共空间优化：以小菜园提升公共环境品质

各户小菜园建设并不是独立存在的，而应使之成为红塘村公共空间综合节点，通过村民房前屋后的美化促进乡村人居环境整体提升。因此，团队在前三家小菜园初步建设完成后，设计了综合节点景观提升方案（见图 5-48），进行整体性美化改造。对三户均位于主路旁，且相互邻近的小菜园进行公共空间环境质量连片提升，将其打造成为红塘村重要的展示窗口（见图 5-49）。

第五章 红塘村房前屋后设计改造

图 5-48 综合节点改造意向图

图 5-49 公共空间景观提升效果图

截至2025年5月，团队已在红塘村完成29个小菜园的改造提升，以小菜园改造为抓手，使红塘村人居环境质量得到显著提升（见图5-50），受到了凤庆县乡村振兴局的充分肯定。

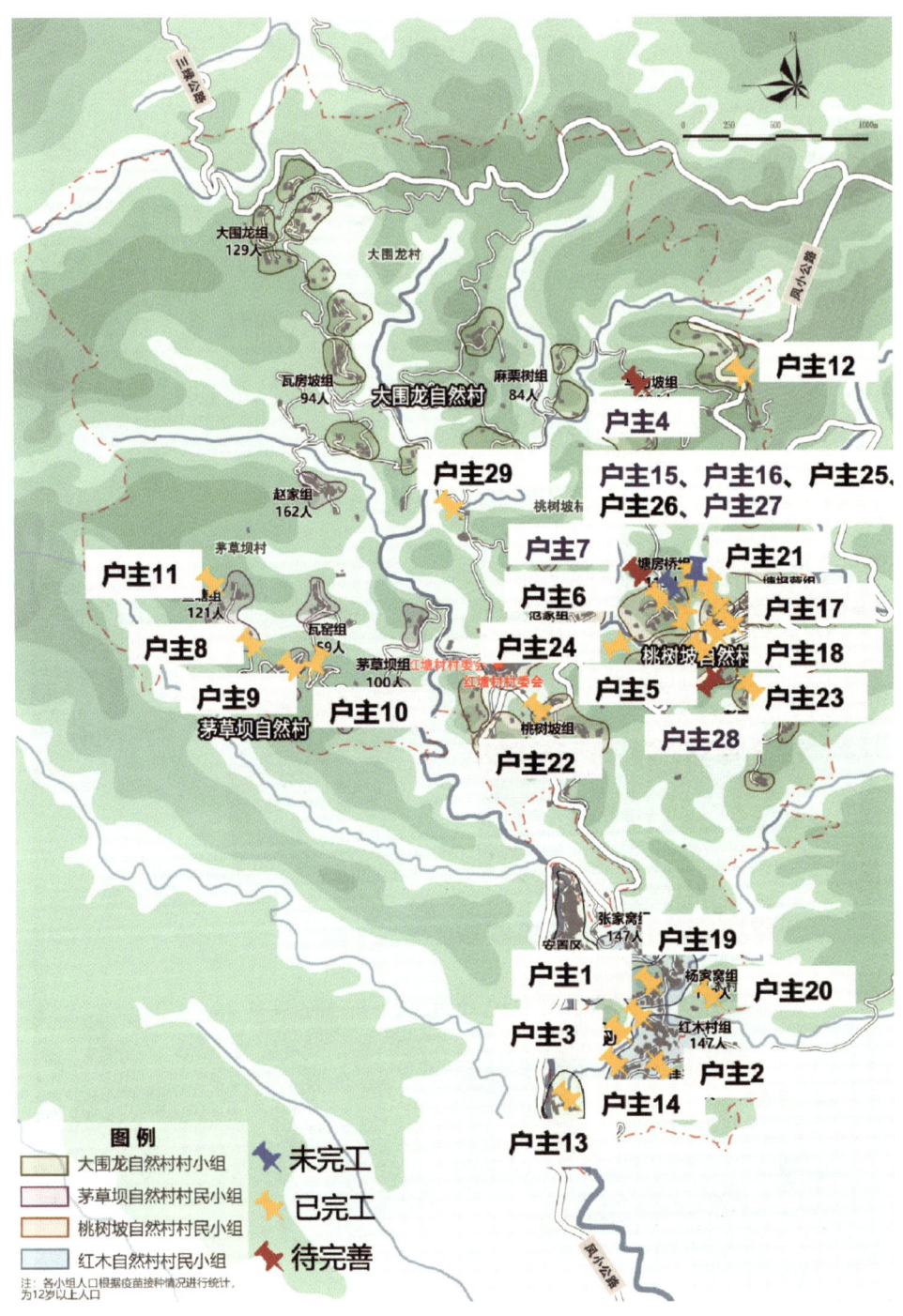

图5-50　已完成改造的小菜园分布图

第四节 红塘村"四小园"建设成效

一、形成和睦邻里关系

在城镇化的冲击下,红塘村面临乡村的共性问题——老龄化与空心化。大量年轻劳动力到县城、临沧市区、省会昆明甚至其他省份务工,留居村内的大部分为60岁以上的老人或儿童,日常活动单一且规律。每周的夜晚打歌是村内为数不多的集体活动,村民们缺少交流与互动的平台,"原子化"问题显露。团队希望以"共同缔造"理念,唤醒村落传统集体主义,让小菜园成为乡村社会关系的新纽带。一方面,小菜园共建通过参与式建设带动村民互帮互助(见图5-51);另一方面,建成的小菜园也成为村民们茶话闲谈、日常休闲的好去处(见图5-52),有效促进邻里关系改善。

图5-51 第一个小菜园试点户主张大姐的"姐妹团"

图5-52 小菜园茶话会

二、带动村民建设积极性

小菜园建设美化了户主房前屋后环境,促进了村内人居环境整体提升。共同建设的过程更拉近了邻里距离,整洁美丽的小菜园成为乡村邻里新纽带(见图5-53)。小菜园的建设过程还带动了周边村民的建设积极性,村民纷纷致电村委询问如何报名,部分村民直接到建设现场与设计团队和村委面谈,表达自己对小菜园建设成效的赞同与想要建设的期待。

图 5-53　小菜园成为邻里关系新纽带

共同缔造的重点在于凝聚发展共识，动员所有利益主体有效地参与到乡村建设行动中。因此，除开展规划建设外，团队在红塘村积极组织了 9 次共同缔造活动（见表5-1），面向老人、妇女、儿童等群体，实现共同缔造的"横向到边"（见图 5-54）。

通过共同缔造活动，团队了解了村庄现存问题及村民们的想法意愿，引导老人、妇女、儿童等相对弱势群体也积极参与到乡村振兴中，鼓励他们表达对村庄发展的需求，共谋村庄发展，共建美丽人居环境。

表 5-1　共同缔造活动内容与效果（截至 2024 年 6 月）

时间	活动内容	活动效果
2022 年 8 月	面向红塘村儿童开展了"我心目中的红塘村"共绘活动	小朋友们描述与记录了心目中对红塘村的美丽愿景，团队了解到儿童视角下的乡村发展需求
2022 年 12 月	面向儿童开展了红塘村公共空间墙绘活动	小朋友们以实际行动参与到美丽红塘建设中，增强小朋友对乡村发展的认识
2022 年 12 月	面向妇女举办了红塘村妇女茶话会	了解妇女视角下的红塘村发展现状与发展需求
2022 年 12 月	面向小菜园户主们举办了小菜园改造经验交流会	户主们畅所欲言，分享改造心得，提出改造意见，交流改造计划；团队从中获得关于乡村建设的意见与建议
2023 年 5 月	面向红塘村小组成员开展了集体茶厂共享花池建设活动	村委、村小组成员与师生共同栽种绿化带，拉近了彼此的距离，共同美化了集体茶厂

续上表

时间	活动内容	活动效果
2023年8月	面向红塘村儿童开展了垃圾分类知识科普活动	增进了小朋友对垃圾分类知识的了解
	面向全体村民开展了红塘村2021—2022年度"最美小菜园"评比活动	提高村民参与小菜园建设的积极性
2023年12月	对村民进行访谈梳理村庄发展口述史 与村民深入沟通小菜园设计方案	增强对村庄发展的了解,深入了解村民对小花园建设需求
2024年5月	面向全体村民开展了红塘村2023—2024年度"最美小菜园"评比活动	进一步提高村民参与小菜园建设的积极性,促进村民主动建设

图5-54 红塘村共同缔造活动记录

三、取得良好社会效益

师生团队参与共建的同时，在抖音 App 直播小菜园建设过程（见图 5-55），一方面，宣传了美好环境与幸福生活共同缔造的工作方法；另一方面，让更多人包括本地村民了解并关注到房前屋后人居环境提升共同缔造的意义。直播共吸引了 2600 余人次的关注，有本地村民、师生学者，还有故乡游子；更重要的是激发了村民的积极性，起到了很好的宣传效果。小菜园建设的参与

图 5-55 在小菜园建设过程中进行线上直播

主体（包括户主、设计团队、村干部、户主的亲朋好友与邻居等），也纷纷在各自的微信朋友圈发文表示对小菜园建设的认可。

2022 年，在新冠疫情的考验下，师生团队仍坚持与驻村第一书记张良友积极交流，共同对接学校的优势资源与资源平台，持续推进小菜园建设工作。张良友书记搭建了团队与当地村委的沟通桥梁，协助宣传共同缔造理念，不断提升乡村治理水平与治理能力。依托中山大学媒体平台，团队通过微信公众号推送、视频号传播、举办"在凤庆"摄影展等多种形式开展广泛宣传，并收获热烈反响，扩大了小菜园建设的影响力（见图 5-56）。

图 5-56 团队在中山大学广州校区南校园布设"在凤庆"摄影展

第五章 红塘村房前屋后设计改造 107

此外，团队成员全程记录小菜园建设过程，并剪辑成片，宣传、推广小菜园建设经验。短视频《小菜园诞生记》获教育部、住建部以及中山大学等官方媒体平台转载（见图5-57）；中国青年报对小菜园建设进行专题报道，获得社会广泛认可（见图5-58）；团队成员受邀参加中国青年报《参数》节目，对小菜园建设工作进行分享。

图5-57　教育部转载《小菜园诞生记》

图5-58　中国青年报报道小菜园建设工作

2024年4月，由中山大学人文地理学、城乡规划学、地理与遥感工程3个专业的8名研究生组成的乡村建设共同缔造队获评"中山大学2023年大学生年度人物"（见图5-59）。

图5-59　团队成员参加"中山大学2023年大学生年度人物"公开答辩

四、规划教育与实践结合

城乡规划学科始终与经济社会发展紧密结合，具有高度的服务导向和实践导向。教学实践以共同缔造工作坊为教学平台，指导学生在真实情境下解决规划问题，实现了理论与实践的有效结合。

导师组以共同缔造工作坊为教学平台，通过树立学生助力乡村振兴、服务国家战略的正确价值观，使学生熟悉城乡规划学和地理学的基本理论与方法，熟悉乡村规划、乡村地理的研究范式，了解乡村振兴战略与学术研究动态，提升学生入村调研、规划设计、技术应用等实践能力，从而打造了集人才培养、科研创新、乡村振兴于一体的教育教学新路径，阐释了研究生教育培养什么人、怎样培养人、为谁培养人的重大命题。另外，导师组主要采取任务驱动型教学，通过向学生布置具体的调研任务，引导学生思考专业问题，运用专业能力，达到"真题真做"的教学效果。此外，导师组通过专家讲座、学生驻村等形式，面向村干部、村内能人巧匠及其他村民，有针对性地开展培训交流，传递现代化治理理念，提高村民建设水平，培养乡村振兴本土人才。在此过程中，教师教学水平、学生实践能力以及村民自主建设能力均得到提升。

在本教学模式中，导师组引导学生将国家战略、理论知识、乡村建设实践紧密结合，构建"知"与"行"的良性互动。有别于传统设计课程的"纸上谈兵"，本模式注重从培养研究生科学思维和实践能力着手，在乡村实践中指导学生以房前屋后小菜园建设和农房现代化改造为抓手，参与到从方案设计、施工建设到维护管理的乡村建设全周期工作中。在这个过程中，教师及时追踪乡村规划领域最新发展动态并将其引入课堂，与学生密切互动和讨论，鼓励学生学以致用，以培养学生的批判思维，评估进一步创新的可行性。这不仅是课堂理论知识指导实践的过程，也是学生深入群众、向村民学习、在实践中学习的过程。在与村民共同建设的实践中，学生可以学习村民独特的乡土智慧，摸索兼顾安全性、生产性与观赏性的工程细节，实现地方知识与专业知识的互动，积累实践经验。

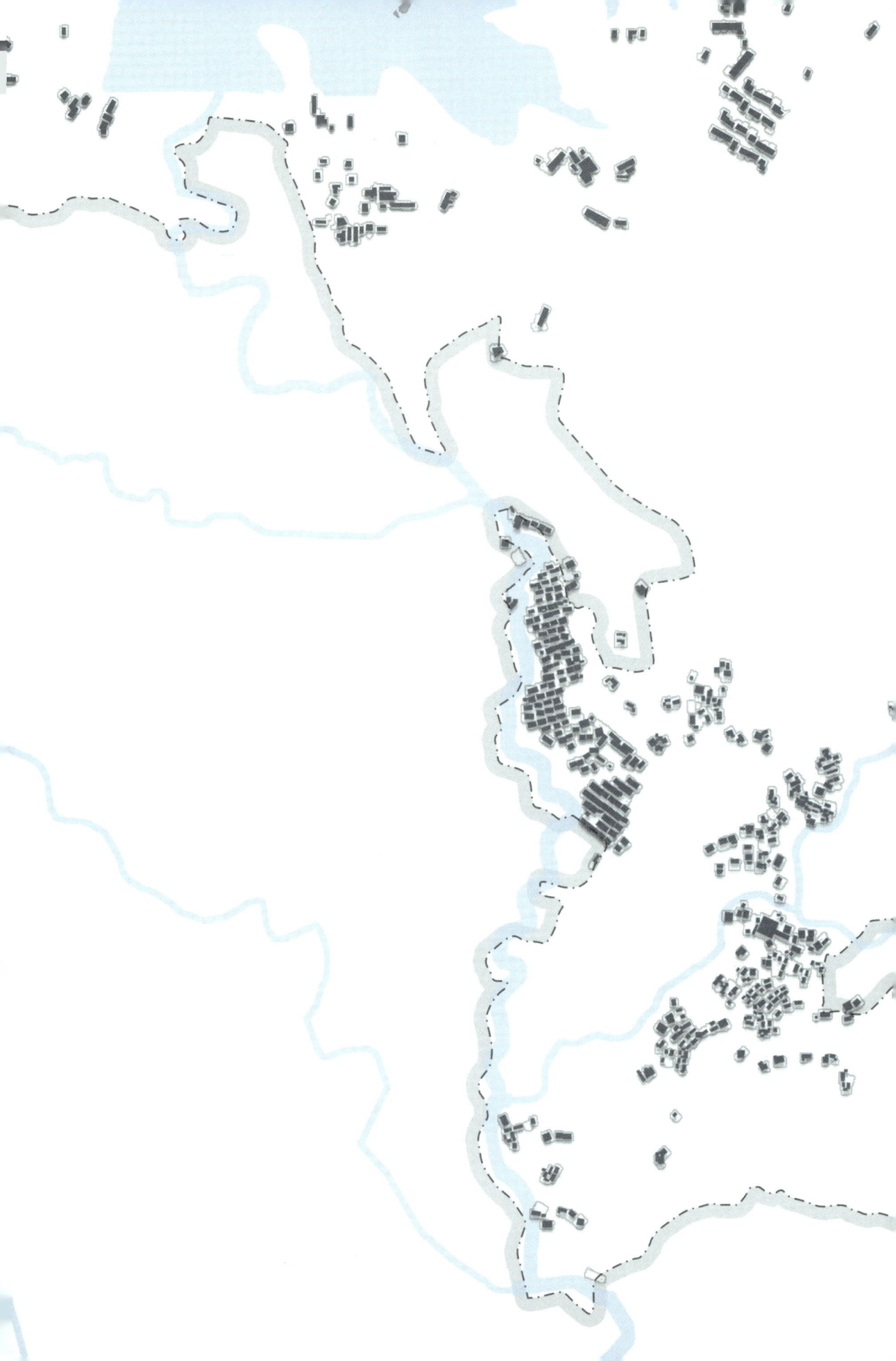

第六章

思考

本章内容

本章摘录了参与实践的学生代表的感悟与思考，围绕地方知识视角下的小菜园建设、共同缔造模式下的多元主体互动及劳动改变社会关系等主题展开讨论，探讨了地方知识与专家知识的结合、乡村治理中的多元互动及共同缔造在社会关系重构中的作用，提出了乡村规划与建设的未来思考方向。

第一节 以地方知识视角看小菜园建设

一、红塘村地方知识的来源

回顾参与小菜园改造实践的七日，红塘村村民对于身为中大学子的我们自始至终都充满强烈的感激，甚至可以说是敬意。让我感受最深的一句话来自张大姐。她说："中山大学给我们的帮助我无以回报，只能告诉我的子孙后代。"我们整个团队都相当感动。客观地说，在工程实践上我们并没有帮到什么大忙，我觉得我们只是提供了一个契机：小菜园使他们认知到更有秩序和美感的生活方式以及通过集体的力量一起努力，是一个美好的回忆，我还听说最近许多村民都喜欢去第一个完成建设的小菜园获取蔬菜，因为他们觉得这是中大学生亲自种的，和其他的不一样，这也让我惊讶。从这两件事中我深切地感受到红塘村村民对知识分子的尊重和对知识的向往，这闪耀着中国传统耕读文化的微光。

中国人自古以来对读书高度重视。就红塘村而言，虽然大多村民的学历不高，但对知识怀有深深的敬意，始终对我们十分关心以及感激。我们干活的时候常有村民围观，他们有的在诧异为什么大学生还能来这里干活。虽然能力有限，但是我们自身的行动在一定程度上带动了大家的共同劳作——从一开始只有我、龙老师和杨大哥三人干活，到中期村委和旅游学院的刘老师来带动并将整体劳作气氛引入高潮（两块小菜园里几十个人在劳作），再到后期高潮过后的平实化，周边的邻居（张大爷、张大姐以及杨大哥的朋友等）陆陆续续过来帮忙，连杨大哥家极为内向、常待在房间里的女儿也在最后两天过来帮忙绑绳子，从中可以看出周边的人确实都在发生积极的变化。

但是不可否认的是，人性是复杂、多样的。一方面，村民展现了互帮互助的一面，我们遇到的村民大多都是勤劳朴实的，在我们劳动时，两位户主和周围的一些村民给我们送水、送水果。随着建设来到后期，许多人都主动来帮忙。另一方面，村民又表现出了利己自私的一面。最令我印象深刻的是在我们工作期间，有村民将大量牛粪及其他不洁物倾倒在沟渠里，这个沟渠流经杨大哥家小菜园，把当时正在干活的我们熏得不轻。更令人心惊的是杨大哥之前说这条沟渠很干净，所以我们经常在里面洗手以及洗村民送来的水果。但除了这件事我还听说了发生在两个户主与周边村民以及村委身上的一些不和谐的故事。而从这几天自身的经历中，我感受到即使在"共同缔造"的实践之下，这些不和谐往事带来的影响并未消弭。"冰冻三尺非一日之寒"，农村看似矛盾的思想观念和行为方式来自几千年来农耕文明的浸淫。

农业生产以家庭为单位进行，但是所有的农田都属于同一个生态系统。在自然灾害面前，必须打破以家庭为单位的生产方式。如果一块田出现病虫害，其他农田也难以幸免。出现旱灾、洪涝时，农户必须依靠集体的力量才能克服困难。红塘村所在的云南地区几千年来上演着民族融合的故事，汉族与少数民族在此地共存。对长期与中原统治相对隔离的云南而言，在自然灾害和入侵者面前，人们必须团结合作才能保护生命和财产安全。

个人利益和集体利益密切相关。同一地区的水源、耕地、山林资源等属于公共资源，每个生产单位都追求自身利益最大化，但是由于资源的有限性，相互间必然产生竞争。我在与杨大哥的母亲进行交流时便听说了村里出现因修路出让土地、农忙时采茶等产生的纠纷。因此，区域内个体的利益既是共同的，又是排他的。理解这点对于红塘村规划而言相当重要，正是因为个人利益和集体利益密切相关，"共同缔造"应找到最大公约数，团结尽可能的村民。

二、小菜园改造过程中我们所学习到的地方知识

在小菜园改造过程中，我们与村民进行了知识互动。在不断"讨价还价"的过程中，小菜园这一空间被看作一个自由开放的系统，为我们提供了获取"地方知识"的诸多机会，从而使我们对世界的认识变得更加清晰。我们学到的地方知识主要可以分成显性知识和隐性知识两种。

显性知识主要包括小菜园改造所涉及的原材料、植物配置、自然特征、人文景观等知识。①原材料：以杨大哥家小菜园改造为例，使用到的许多原材料都可以就地取材，如竹子、石头、泥土等，均可以从自家土地里或旁边溪流中直接获取，有利于打造原生态、低成本、可学习的乡村景观。其中竹子多为毛竹，整体较粗者用于篱笆压边，择其较细处用于竹墙装饰，粗度居中者则用于小花园竹桩围栏。石头可分成鹅卵石和新建茶厂废弃石，前者光滑、形状自然，可用于矮墙外部装饰，后者则用于矮墙地基。泥土从新建茶厂处运载过来，用于营造场地高差以及栽种植物。②植物配置：杨大哥家小菜园旁道路、山石旁随处可见青苔藓、心叶日中花、青蒿、问荆等植物，其生命力顽强，可用于矮石墙前作装饰，营造原生态环境。同时，蔷薇、火棘、荀子等当地花卉明艳动人，可作为攀爬植物装饰墙角或者放置于花卉种植区供人观赏。③自然特征和人文景观：两者均作为基底存在，在小菜园改造中始终如影随形。红塘村位于低纬度、高海拔的山区，气候凉爽、多雨但紫外线强，因此，在小菜园中，不适宜选用避光或惧湿型植物，且需要为村民提供遮阳场所。随着时代的发展，红塘村许多现代农房布局简化为一坊两耳结构，或一坊一耳的L形结构，因此，对小菜园进行改造，需要根据民居特点因地制宜地进行功能分区与出入口设计，并同时满足户主自用以及与其他村民交互的现实需求。

隐性知识主要为村民的生活方式和社会关系等知识。如上文所述，耕读文化深深植根于红塘村村民心中。以采茶为例，村民们大都保持着日出而作、日中而息的生活规律，红塘村采茶一般在早上凉爽时分开始，层峦叠翠的茶山在晨光熹微之中人影攒动；时至中午，村民便用头背着箓盛满鲜叶而归，回到家中挑选、晾晒，等到了合适的时候再卖到大摆田茶厂或者红木村茶厂。相对于成品茶叶的价格，鲜叶卖出的价格极低，但是村民们都保留着采茶的习惯，因为这已经深入村民的骨髓了，谁也不想被

其他人指责懒惰。我从中所感受到的是村民对这片黄土地的热爱与依恋,以及对勤俭持家这个朴素观念发自内心的遵循。除此之外,在农闲时分,红塘村村民有着许多简单的游憩活动,譬如在红木村村头,许多老年人都会聚集在张老师父亲家边拣茶边聊天、妇女们会在红木村茶厂小广场跳广场舞等。闲云潭影日悠悠,物换星移几度秋,在岁月流转中,村民互相之间建立了复杂而深厚的友谊,以致来自东北的红木村茶厂老板娘都把这里当成了第二故乡。

乡土的地方知识往往以非正式、非文字或口耳相传的方式,在地域社会里人们的日常生活中存在和传承着。它们在当地普通民众维持生计和生存、建构日常生活的意义以及抒发情感等方面,均具有难以替代的价值,故拥有较为顽强的生命力[①]。无论是显性知识抑或是隐性知识,都是久远的历史在红塘村这一地域空间的积淀和交汇,是在规划过程中可被学习、利用的关键要素。

三、关于地方知识与专家知识结合的思考

长期以来,以行政力量、专家团队为代表的纯理性力量(专家知识)是规划设计和解决社会问题的主流,理性主义成为能快速解决弊端的法宝,少数精英力量成为实践进程的引领者。在他们眼里,公共事务是一个理性的,或称机械的、确定的过程,其关注确定的结果而并不关注人类互动的作用和参与式的解决问题的动态过程[②]。从历史和规划角度上看,纯理性力量所产生的后果都是不恰当的。纯粹自上而下的规划导致村民话语权消失,对与其自身利益切实相关的规划漠不关心甚至毫不知情,使村庄变成了规划师的村庄而非村民的村庄,要素配置与发展需求严重失衡。

然而,专家知识也是不可缺失的,专家团队与行政力量的作用必不可少。以小菜园改造为例,研究院的众多老师虽然没能亲自前往现场,但是对小菜园的改造实践起着巨大作用——提供了一个准绳,并通过督促使得改造效果不至于偏移这个准绳太远。这就是专业人才通过一些其他媒介拥有的与环境相关的清晰且结构明确的知识,拥有完整的价值偏好认识及理性计算的能力,能够衡量各种备选方案的优劣并预测其效果,并在此基础上做出恰当的选择。正是由于老师们一直在后面提建议以及敦促,小菜园才能在收边、种花以及土坡整理等方面体现出更强的秩序感。

对于我们而言,专家知识与地方知识的结合是通过有限理性下的"讨价还价"实现的。与第一个小菜园试点不同的是,第二个杨大哥家小菜园和第三个张老师家小菜园改造奖补设置上限为6000元。有限的资源亟须"共同缔造"理念下的要素整合,而这个要素整合的实践历程就来自有限理性下的讨价还价。这种有限理性和纯理性的不同之处在于,前者更能倾听和理解资源和社会关系的局限性,以及能够充分利

---

① 周星:《民俗语汇·地方性知识·本土人类学》,载《社会学评论》2021年第9卷第3期,第46–60页。

② 韩志明、谭银:《从科学与艺术到社会设计——公共行政隐喻的后现代转向》,载《行政论坛》2012年第19卷第2期,第25–30页。

用现有资源。团队、村委与村民在不断沟通和实践中使得小菜园改造既基本完成了设计目标，又尽可能顺应和利用了当地的地方知识。

（侯先昱　2022级人文地理学硕士研究生）

第二节　小菜园·大使命

一、为什么建设小菜园？——小中见大，美美与共

过去的物质空间"推土机式"的重建模式存在弊病。一方面，大尺度、大规模改造损害了人性尺度的城乡社区结构和日常生活的丰富性，剥夺了人在空间中的感知能力和互动机会；另一方面，"政府干、群众看"的大包大揽模式导致公众参与意识和程度不足。为此，如何跳脱物质桎梏、创造美好的社会人文环境，成为中国城乡实践的重要话题。聚焦乡村层面，在新时代乡村振兴战略实施背景下，基层自治能力的不足制约着人民群众美好生活的实现，乡村治理现代化是一项既有创新性又具挑战性的战略任务，需要选择正确的路径和方向，寻求突破和发展，破解治理难题，从而实现乡村振兴。

在此背景下，在农村人居环境建设和整治中开展共同缔造活动具有重要意义。共同缔造既是认识论，也是方法论。其以基层党组织为核心，充分尊重农民的主体地位，以改善群众身边、房前屋后人居环境的实事、小事为切入点，因地制宜、创新机制，组织、发动群众通过"五共"，即决策共谋、发展共建、建设共管、效果共评、成果共享，推动治理能力与治理体系现代化，建造美好家园。

小菜园是实施共同缔造行动的有力抓手，也是美好环境与幸福生活的绿色起点。通过共同缔造活动，整合乡村闲置空间、重建互动场所，在共同参与乡村建设的过程中，让农民群众成为美好生活的创造者，不断提升百姓的获得感、幸福感和安全感，实现美好环境与幸福生活的愿景。透过这样一点一滴的实践，从乡村共同体开始，逐步实现人类命运共同体永续发展。

二、在小菜园建设过程中发生了什么？——地方知识的根基性与开放性

中国乡村在上千年的积淀中逐渐形成独特且稳定的居住环境、风俗习惯、关系网络及运行机制。地域根基的不同使得乡村景观及生产、生活方式存在差异，成为复杂传统文化的主要载体。基于此，尊重并顺应乡村所处地域环境和资源条件是建设小菜园过程中最基本也是最首要的原则。例如，红塘村第二个小菜园选点原有地势差，而第三个选点的公共空间一侧原有的水渠不足以支撑新建菜园雨后的排水需求，因此团

队在讨论设计方案时也强调了乡村建设的实用性，首要关注排水问题，而后是美化设计。团队最终在第二个选点利用高差，使用龙竹形成跌水景观，并在两侧堆叠石头筑出凹槽，在第三个选点则于小菜园内侧拉线确定深度和间距，修建排水沟。关于上文所提及的竹景观，假若继续探讨，龙竹本身也具有自然分布的局限性、生产发育的特殊性和文化内涵的多样性，是当地亚热带和季雨林山区条件下的优质产物，包括后续小菜园的篱笆、门、圆形簸箕墙饰，团队在户主家吃到的鲜笋，都得益于此。

地方性知识建立在一定的实践和经验意义上，其开放性为文化的借鉴与对话提供了广阔空间。正因如此，共同缔造团队的入驻与互动，使地方知识与传统文化得到更新。专家团队通过村民大会、演示展板、网络直播等线上线下结合的形式，向村民讲解共同缔造涵义、传递"益生菌"以点带面理念，取得了一定正向效应，尤其体现在团队送给某户主一批种子，户主将长成的花卉赠予另外几户做小花园的人家。同时，凭借专业化技能和丰富的美学判断经验，专家团队引导村民以美学设计的视角充分利用本土闲置或废弃材料：闲置于河边的石头经严选、打磨、布设，成为小菜园修边、收边的绝佳材料；废弃的轮胎经彩饰后用作小型地标；利用本土龙竹颜色、长度变化，营造各具特色的局部景观。户主一开始对于"修边""收边"等概念一知半解，或者只懂得用竹子堆砌围栏，后来可带领下一个小菜园户主完成砖砌美化，村民及其背后代表的本土化知识正在这一沟通过程中发生变化。可以看到，专家具备专业化和标准化技能经验，而村民是乡村的主人翁，其认知与言行都是乡村文化的缩影。在共同缔造或专家团队与地方的碰撞和融合中，地方知识与传统认知发生了更新和重组，实现兼具乡土性、经济性、美观性和艺术性的设计。

此外，耕读文化是乡村地方性知识体系中关键的内容。生在农民家庭的某户主高中时便成绩优异，他坚信"读书改变命运"，后来虽因家庭变故辍学，但他仍将此信念和期望寄托在儿女身上，或受中山大学长期以来对红塘村的帮扶影响，又或许有与共同缔造团队同吃同劳动而被感动的因素，户主大哥多次说到"希望他们将来能上中大"。这一例子是凤庆、红塘耕读文化的缩影。其实"耕"和"读"自古以来在同一个认知系统中，谋生和做人是生活"双修"。村民们相信并履行着以耕支撑着读、以读反哺于耕的信条，并在其中寄托了对知识的渴望和对未来美好生活的向往。这一过程也展现出外来力量与传统文化碰撞产生的火花。

三、小菜园改变了什么？——以空间为抓手，重构社会关系

小菜园作为乡村建设的重要抓手，以空间的有序推进社会的再组织，凝聚治理共同体，激发乡村内生发展动力。一方面，在短短一周内，每个个体都在发挥巨大作用。户主们的能动性明显提高，由"要我做什么"的旁观者转变为提出规划设计想法并着力实施的主人翁；村委大力支持、监工、帮忙；其他村民积极关注、主动搭把手……中大团队的老师们、伙伴们不管有没有到场，都在为做好红塘村共同缔造这一件事竭尽全力。团队在日常行动中感动村民，使得更多人也将加入到共同缔造中。因

此，对人的改造实际上是小菜园的一项大使命。

与此同时，人在劳动中生产出成果，也产出关系。以小菜园为支点，可以看到多组关系的产生，例如村干部的到场参与让小菜园的进展和工作氛围有了质的提升。一个最简单的道理是"人多力量大"，但并不仅仅因为村委能多搬一块砖或者多砍一根竹子，更重要的在于其表达村"两委"对于小菜园建设的支持，起示范带动作用，在很大程度上激发了户主热情，也吸引村中其他村民参观和加入。在这一过程中，村委与村民联系紧密起来，互信水平提高，带来持续的正向效应。

此外，村民间互动增加，路过的村民搭把手帮忙，家里开瓷砖店的李大哥，不仅提供思路、供应原料，还亲自参与张老师家的墙饰彩绘等；几户做小菜园的村民也共享起施工材料来。在村民们的互动中，小菜园建设也逐渐显现可持续传递的趋势：已建成小菜园的户主张大姐给杨大哥家的道路高低、铺装提供了设计经验和建议；杨大哥原本不会砌石头，经过一周的共同学习与多次尝试，已经掌握一些收边原则，能够根据局部地势、土状挑选匹配的石头，并且自豪地说自己可以帮助指导下一个小菜园建设；越来越多的村民了解到共同缔造，积极找到团队或村委报名参加小菜园建设……当规划回归实践，我们切身感受到空间的有序正在推进社会的有序。

费孝通先生笔下的乡村社会正在由"机械团结"向"有机团结"阶段过渡。小菜园这一种由官方（两委）带领村民和各类主体自下而上参与建设的形式，在一定程度上有助于促进村委、村民和外部力量（譬如共同缔造团队，以及中大前来帮扶的师生）互相依赖，彼此联结，凝聚治理共同体，优化和丰富有机团结模式（见图6-1）。

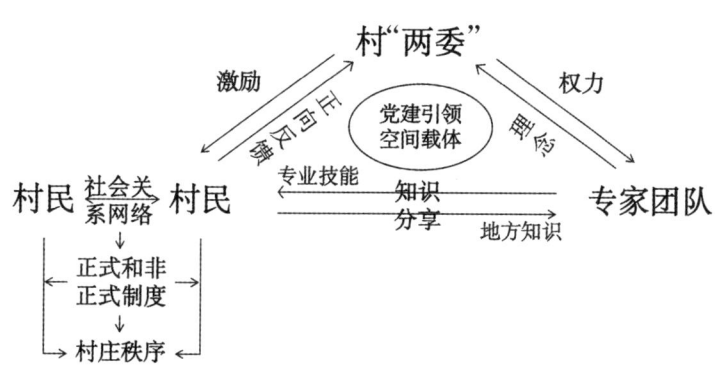

图6-1 红塘村社会关系网络

四、身份认知转变与思考

作为劳动者，我们在垒砌的石头、穿插的竹子中感受自然力量，感悟顺应自然规律的道理。更重要的是，我们作为规划师，从劳动中抽离，探索小菜园背后的地方知识和社会关系，思考共同缔造的深层次逻辑。在认知上，我们从重视结果到注重共同过程。规划图纸的实现固然重要，但在搭建"共同"的渠道和平台期间，可持续力量在共同缔造中产生和传递。杨大哥由被动接受到主动学会砌石头修边，邻里间心灵的敞开和互助同样具有突破性价值。规划设计远不仅仅是图纸上的一个符号，更是多方利益主体持续的、复杂的协商过程的展现。这其实与西方20世纪60年代以后的规划理论发展趋势是相似的，由最初的理性规划到有限理性的渐进主义，再由交际转向逐步发展倡导式、参与式规划，人们改变了精英意识及对于结果的期待，将重心转移到形成各利益群体充分表达、参与建设的全过程，这也是规划适应社会变迁的重要表现。我们这些以综合地理学为背景的城乡规划者，又能否站在学科融合的视角，为乡村振兴发展提出兼具科学性和可行性的"最优解"？我想这个问题将伴随自己往后的学习生活。

综上，本次共同缔造行动是以小菜园为抓手，通过多元利益主体的协商互助，达成美好环境与幸福生活的美好愿景，并以空间的有序促进社会的再组织，实现还权、增能，激发乡村内生动力，搭建可持续的治理体系的过程。之后，共同缔造的可持续性将成为重点讨论的话题。团队与村委的某次茶话会就小菜园发展模式达成了部分统一路径：

（1）在小菜园开工仪式上，村委、村民、中大团队到场，起到了吸引和宣传作用。

（2）村委积极帮忙和定时监督，与中大团队展开线上线下紧密沟通，重点在于激发村民主动性，推进菜园建设。

（3）形成有机联动，由已建成菜园的户主帮助下一家的建设工作。

（4）培养村里本土工匠。

（5）建成后，村委带头导入资源，考虑与村内已有旅游公司合作，引导游客（前期主要为中大研学团队）前往小菜园、渔庄消费，一方面进一步推动农户改善提升自家环境，另一方面增加村集体收入。但从现实因素考量，诸如纵向专项资金难入村等问题仍是最大阻拦，还需各级各主体在实践中持续探索和紧密协商。

共同之路仍漫漫，小菜园也有着它的大使命。遵天地，观众生，见自己，且行且学。

（黄妍　2022级城乡规划硕士研究生）

第三节　共同缔造——空间建设重构社会关系

共同缔造以城乡社区为基本单元，以改善群众身边、房前屋后人居环境的实事、小事为切入点，以建立和完善全覆盖的基层党组织为核心，以构建"纵向到底、横向到边、协商共治"的城乡治理体系、打造共建共治共享的社会治理格局为路径，发动群众"共谋、共建、共管、共评、共享"，建设美好家园、凝聚社会共识、塑造共同精神。

2021年暮春，研究院团队来到云南凤庆的红塘村，与村民共同缔造房前屋后小菜园。此前，研究院就共同缔造开展、示范点选取与村干部及村民进行了沟通且达成了共识。

一、空间建设

1. 决策共谋凝聚民意

小菜园示范点于2022年5月11日开工建设。此前，从3月到5月，团队已多次与户主张大姐交流小菜园的设计方案。这一次相见，张大姐正在"全副武装"着手小菜园的场地清表工作，团队立即投入方案的落地当中。

在张大姐家的屋檐下，张大姐与团队成员还有村干部们围坐在一张小方桌周围，对着桌上的设计图纸开始了讨论。一开始张大姐只是不停地点头微笑，在大家不停地鼓励与带动之下，张大姐开始说出了自己的心声：希望围栏修筑得高一些，一定要能拦住鸡；小菜园还是主要用来种菜、种玉米。除此之外，还有一个顾虑是之后才从村干部那里得知的：张大姐在犹豫小菜园的最终归属，担心小菜园的建设会让这块地不归自己使用，但自己将来还想用这块地给小儿子建房子呢！在村干部解释清楚原委后，张大姐心里的石头终于落下了。

2. 发展共建凝聚民力

为了增加小菜园的可进入性，团队与施工队确定在小菜园里设计、建设两类小路。一类是菜园的主要小路，呈垂直布局形成小菜园骨架；另一类是菜园里的次要小路，相较于主要小路更窄且垂直于主要小路布局。小菜园里的两条主要小路便于行走与观景，宽度为0.6米，以碎砖拼贴、泥土勾缝，撒上低矮草籽，防滑的同时更具乡间野趣；次要小路则便于种植与采摘，宽度为0.3米，整砖交错无缝拼贴，两条小路之间的间隔约为1.5米，方便蔬菜种植与采摘。

根据园主诉求确定了菜园围栏。结合拦鸡与耐用的围栏功能诉求，团队与户主最终确定围栏的高度为0.9米，材料使用本地红砖而不是竹木，交叉镂空堆砌。

小菜园入口由鹅卵石块挡墙、栅栏木门与青砖铺地组成。入口铺地采用闲置青砖，与小菜园内部小路的红砖区分开来；小菜园小门使用废弃的木材拼装，镂空样式。入口位于小菜园主人家院门邻近一侧，入口两侧挡墙高度为1.2米，采用闲置鹅卵石与石块砌筑，高出围栏的0.3米采用闲置青砖、鹅卵石与青瓦交错砌筑。这些都是户主家的闲置材料，既能实现废物利用，又能增添乡村风物。

大家一致同意采用村庄现有的竹子与树木重新搭建园内的瓜果棚。瓜果棚的搭建保留了支撑树木的自然分叉，刚好可以起到固定竹子的作用；竹子按行列布局，可以均匀承受藤蔓植物的重量。

"邻里和睦墙"丰富了村民家门口的景观，同时为村庄打造了一处打卡点。墙面以红塘村茶叶为设计元素，装饰物将废弃圆木切块，贴在墙上形成茶叶的形态，再请大家题字献上祝福，便形成了这一面有特色、有新意、有温度的"邻里和睦墙"。村委帮忙切割圆木，施工队帮忙准备刷油漆，邻居好友齐来送祝福，村庄书法家题写落款……而后又经过大家之手，创造出了这面"邻里和睦墙"。

二、社会重构

在共同缔造中打破隔阂。还记得小菜园开始建设的第二天，天空突然下雨，菜园一片泥泞。为了记录大家热火朝天的场面，我穿着不防水的运动鞋，举着相机在泥地里踩来踩去。一起劳动的张姨（张大姐的闺蜜）见我在泥地里踩得十分狼狈，先是递给我一个斗笠遮雨，然后立马回家取来雨鞋让我穿上。

在共同缔造中构建友谊。随着小菜园逐渐成形，张姨还邀请团队到家里喝茶，买当地特色浸梨给我们吃，还煎糯米粑粑给我们吃。与张姨的热情不同，张大姐更偏内敛。小菜园建设到了第三天，张大姐一大早便买了本地的特色香猪肉，切了屋檐下悬挂的火腿，叫上了她的二弟媳妇，给大家做了一顿丰盛的午餐。

在共同缔造中构建认同。第四天尤其热闹，叫卖各种水果与副食品的小车开到了村里，小菜园位于村道旁，一时间周围村民们都聚集到了小车周围。交易完成得差不多的时候，大家开始分享，不只是张大姐与张姨，还有施工队的师傅和阿姨们，隔壁邻居老奶奶……谁能想到第一天施工师傅还提防我想要戴走他老婆的斗笠呢？

在共同缔造中传播知识。周围邻居的小朋友们也逐渐与团队成员混熟了，还有模有样地帮忙种菜，同时也在他们心里播下了一颗小小的共同缔造种子。

在共同缔造中凝聚共识。除了朝夕同劳的主人邻居和好友们，村内其他村民也被吸引过来（见图6-2）。小菜园的共同缔造是村里的一个"明星工程"，村民们走过路过都会驻足一会儿，或是和主人家聊聊小菜园的建设怎么样，亦或是和施工师傅侃侃这些"好看又接地气"的建设，还有好几个村民主动来到小菜园建设现场，邀请团队去他们家看看房前屋后，也想把自家房前屋后打造得更漂亮。

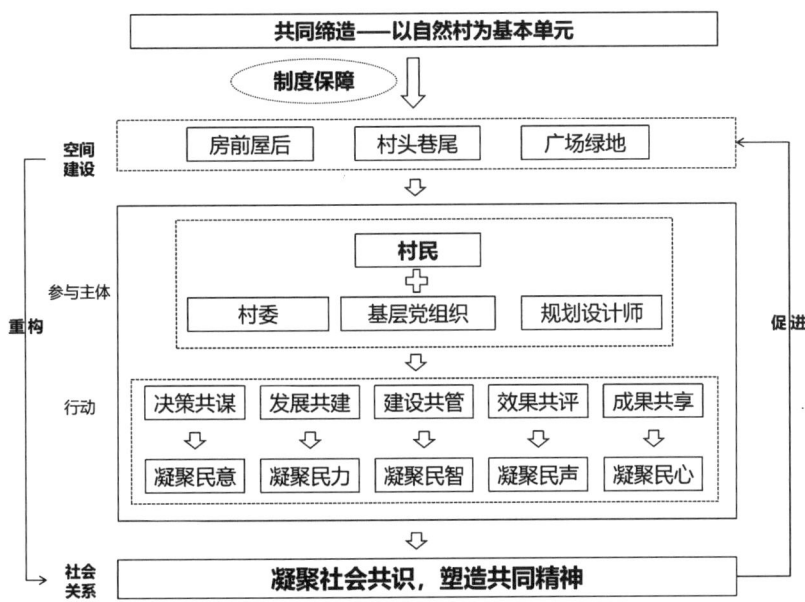

图 6-2 空间建设重构社会关系框架

三、制度保障

为了保证房前屋后人居环境提升项目的顺利推进,做到有制度保障,设计团队需要在开始建设前便和村委确定好相关制度,随着实地建设的进行,再根据实际情况作出最适宜的调整。红塘村目前制定的制度有《凤庆县凤山镇红塘村人居环境提升"以奖代补"实施办法》。实施办法从奖励条件、奖励标准、管理规定、项目流程等方面对人居环境提升项目的实施进行了全方位的确定与规范化,让红塘村人居环境提升项目有制度可依。

故事还在继续,有了第一个小菜园,就有第二个、第三个、第四个……7月,我们的团队成员又踏上了去往云南凤庆的征程,在那里,第二个小菜园拉开序幕……

(陈金凤　2021级人文地理学硕士研究生)

第四节　共同缔造模式下多元主体互动

费孝通先生在《乡土中国》中指出,我国乡村是一个"熟人社会",某种程度上与外界存在着孤立、隔膜。而城市化导致乡村精英持续外流,单纯依靠乡村内部力量已很难突破发展困局。因此,在新时代实施乡村振兴战略,必须在党的领导下,政府主导、社会参与、技术下乡,多元主体协同共治,共同推进乡村治理现代化。

一、多元主体,协同共治

治理的本质在于协调多元主体、达成共同利益目标,采取共同行动。1995 年,全球治理委员会指出,治理是使相互冲突或不同的利益得以调和并且采取联合行动的持续的过程①。詹姆斯·Z. 罗西瑙认为,治理是指一种由共同目标支持的活动②。治理的目的是保证社会秩序、吸引公民参与、实施集体行动③④。在乡村社会中,政府、社会、市场、村民等多元主体交织,如何引导主体之间达成一致的利益诉求,遵守共同认可的规则,从而朝着共同目标采取共同行动,是推进乡村治理体系现代化需要解决的重要问题。

1. 村委:党建引领,发挥头雁效应,构建乡村基层治理体系

党建引领是我国的制度特色,农村基层党组织是我党在农村的代理人,是乡村各种组织和各项工作的领导核心⑤⑥。党组织是乡村治理的关键力量,党员更是先进性的代表,应充分发挥示范带头作用,激活村内建设发展的活力。

在云南凤庆红塘村小菜园建设实践中,村委参与了前期的选点调研,为小菜园建设奠定坚实基础。在村支书与驻村第一书记的带领下,村委工作人员多次到小菜园参与实践,共同劳动。村委的加入,既引来一部分村民好奇围观,又激发了户主的建设积极性,使村内形成了和谐的互助氛围。此外,村委积极与团队探索小菜园的可持续建设制度,包括试点标准、建设标准、监督机制、能力建设与村委工作制度等。

同时,基层党员发挥了重要的示范带动作用。党员张大姐积极报名,作为第一个开展小菜园试点建设的参与者。张大姐良好的号召力和群众基础,吸引了一批村民共同参与建设,为小菜园改造开了好头。

基层党组织是国家意志和村民利益衔接的载体,在党的领导下,村干部和先进党员代表的"头雁效应"有效推进了乡村秩序的建立与良好治理氛围的形成。

---

① 全球治理委员会:《我们的全球伙伴关系》,牛津大学出版社 1995 年版,第 23 页。
② 周进萍:《利益相关者理论视域下"共建共治共享"的实践路径》,载《领导科学》2018 年第 8 期,第 4 - 7 页。
③ 格里·斯托克、华夏风:《作为理论的治理:五个论点》,载《国际社会科学杂志(中文版)》1999 年第 1 期,第 19 - 30 页。
④ 理查德·C. 博克斯:《公民治理:引领 21 世纪的美国社区》(第 2 版),中国人民大学出版社 2013 年版。
⑤ 丁志刚、王杰:《中国乡村治理 70 年:历史演进与逻辑理路》,载《中国农村观察》2019 年第 4 期,第 18 - 34 页。
⑥ 侯宏伟、马培衢:《"自治、法治、德治"三治融合体系下治理主体嵌入型共治机制的构建》,载《华南师范大学学报(社会科学版)》2018 年第 6 期,第 141 - 146、191 页。

2. 规划团队：技术引导，培育本土力量

在基层组织逐渐完善、乡村社会逐渐多元的背景下，规划不能囿于传统的自上而下方式，而应回归村民主体本身。村庄规划的核心在于找回农村传统的集体主义、培养村民的自组织能力，以实现村民持久受益①。

开展小菜园建设时，作为组织者，团队牵头，在村委的帮助下，共同确定了小菜园建设的选点、设计与后续监督管理等制度，围绕"美丽红塘，共同缔造"进行入户调研、愿景谋划、方案设计等。作为协调者，团队召开了多次村民共议会，与村委、村民共同协商建设愿景。在此过程中，不同主体的利益诉求得到有效沟通；在建设过程中，团队通过线上跟进、线下驻点等形式，持续追踪小菜园建设进展，在与村民户主的不断交流中完善设计。作为引导者，一方面，团队亲身参与到小菜园的实际建设中，与村民们同吃同劳作，用行动调动户主与其他村民的参与积极性；另一方面，在建设过程中，团队潜移默化地向户主、施工工匠以及参与其中的其他村民们传输设计理念，引导村民精细完成小菜园建设，培育村内能人巧匠，推动理念与技术的有效传递。

此外，团队贯彻"横向到边"理念，力求动员所有村民，共同参与到红塘村发展建设中。团队通过布设展板、开展儿童美育和科普活动、举办妇女茶话会、组织老人加入公共空间墙绘行动等形式，将每一位村民带入乡村建设中，搭建村民了解、参与、讨论、交流的平台。

习总书记曾说，乡村振兴，关键在人。老龄化、空心化与城乡差距使得乡村人才外流，村里就缺肯做事、能做事、做好事的人，培养村民共同参与乡村振兴的意识和能力是关键。规划师作为外部力量，在行动上，与村民共同劳动，运石运沙、砍竹修篱、砌砖铺路；在情感上，与村民充分交流，摆脱传统的认为规划师"高高在上"的刻板印象，切实融入当地；在观念上，通过持续沟通，在建设过程中不断向村民传达"为什么建""怎么建""建成什么样是好看的"等朴实理念，引导村民形成现代化与乡土兼备的建设观念，提高村民的自治意识和自治能力。

3. 村民主体：共建共治，共享振兴成效

推动新时代"共建共治共享"新格局的形成，关键要确立"村民自治"的核心地位。在此过程中，既要引导村民积极参与，又要培育村民理性参与的能力。

贺雪峰指出，村庄秩序的生成具有二元性，一是行政嵌入，二是村庄内生②，自治是乡村治理的本质属性和法定属性③。要鼓励村民积极参与乡村建设与治理实践，

---

① 李郇、罗赤、张立等：《探讨：村镇规划理论与方法》，载《小城镇建设》2014年第11期，第22-27页。

② 贺雪峰、仝志辉：《论村庄社会关联——兼论村庄秩序的社会基础》，载《中国社会科学》2002年第3期，第124-134、207页。

③ 张文显、徐勇、何显明等：《推进自治法治德治融合建设，创新基层社会治理》，载《治理研究》2018年第34卷第6期，第5-16页。

激活乡村发展的内生活力。

在小菜园建设中,村委带头、团队引导、党员示范,使得村内建设小菜园的积极性持续攀升,在建小菜园的户主们也体现出明显的态度改变。以杨大哥为例,在菜园建设初期,他基本是自己单干,但随着建设推进,发生了三点变化。第一,杨大哥家人参与率变高,从杨大哥一个人到后面全家人基本都参与进来。第二,进入小菜园的村民变多。有好奇来围观的,有傍晚经过闲聊的,也有路过搭把手帮忙的。户主妻子更是将小菜园视频发到红塘村群里并邀请村民来喝茶闲聊。第三,杨大哥的交流态度变得开放,还主动与另一个小菜园户主及工匠们友好交流小菜园建设进展与工程技术等,并积极表示愿意帮助村内后续小菜园建设。

二、关于乡村治理的思考

乡村的自治传统主要建立于礼法、宗教与宗族基础上,核心在于形成了一套被认可、被遵守、约定俗成的全体共识和行为准则。而全球化、城市化带来的工业文明对此造成了一定冲击,在利益驱动下,人们"用脚投票"。一方面,城市更高的收入水平与更大的发展机遇吸引着乡村人口不断流出,使乡村走向空心化、老龄化;另一方面,外部资本、文化、观念向乡村流入,改变了乡村的社会结构和价值取向。新时代下乡村振兴的重要内容便是重塑乡村社会秩序,完善乡村自治机制,实现乡村治理体系和治理能力现代化。

"美好环境与幸福生活共同缔造"行动是推动"自治""法治""德治"三治融合,实现乡村治理体系和治理能力现代化的重要手段。《马丘比丘宪章》指出"人与人相互作用与交往是城市存在的基本依据"。乡村亦如此。新时代下的城乡规划,承载着区域协调发展与乡村振兴的重担;规划师的角色更应该是引导者,关注村民主体,鼓励社会参与。"美好环境与幸福生活共同缔造"是政府、村民、规划团队多元主体共同参与、协商共治、建设美好人居环境的行动,是实现乡村振兴的认识论和方法论[1],为村民、村委与规划团队等多元主体搭建了良性社会交往的平台,拓宽了有序协商沟通的渠道,为实现"自治"提供了治理基础和制度保障。共同缔造致力于构建"纵向到底"体制和"横向到边"机制,将党的领导贯彻到底,将每个村民都纳入社会组织,使每个组织都参与乡村建设,在组织上保障"法治"有序实现。共同缔造一方面通过共同建设的行动,激活了村内发展建设的主动性、积极性;另一方面充分挖掘村内的能人巧匠,培育"新乡贤",在某种程度上是传统村庄集体主义的回归,推动乡村凝聚发展共识、形成发展合力,是实现乡村"德治"的重要路径。

(颜嘉玲 2022级人文地理学硕士研究生)

---

[1] 李郇、陈伟、黄耀福:《农村美好环境与幸福生活共同缔造工作指南》,中国建筑工业出版社2019年版。

第五节 劳动改变社会关系

一、实践作为社会关系重构的动力机制

劳动是否能够改变社会关系？或者说，实践是否能够改变社会关系？这个问题的答案可以在《马克思主义基本原理概论》中找到：实践是社会关系形成的基础。人类通过自身的活动调整和控制人与自然之间的物质变换过程，这便是物质生产实践。在这一过程中，人类不仅与自然界发生关系，而且人与人之间也必然结成一定的社会关系。人与自然的相互关系在物质生产实践中共生，并且相互制约。

在2020年中国城市规划学术季上，李郇教授在《社区治理的愿景：完整社区》报告中总结道："古代儒家思想希望通过自然的有序关系来实现社会生活的有序关系。因此，在选择居住地时，注重将自然与人、自然与用于居住的物质空间紧密、协调、有机地结合在一起，从而形成人与自然和谐统一的生产和生活状态……在乡村建设中，邻里关系根据地缘关系而形成，是传统中国重要的社会联络形式。建设物质空间的目的正是建立良好的人际关系。"而这种物质空间的建立离不开人们的共同劳动，良好的人际社会关系也会在共同劳动的合作中逐步形成。当然，任何地方的社会关系都是长时间发展的结果，不可能一蹴而就。红塘村亦是如此，经过长时间的发展，红塘村不仅包括了可见的物质空间，如房屋、植被、小溪，更包含了通过长期互动形成的复杂社会关系。无论是杨大哥家与村小组成员之间曾经的矛盾，还是大围龙户主是否愿意让出自家地块建设公共空间，抑或是各方对张老师家小菜园建设的援助，都透露着红塘村错综复杂的社会关系。而这些社会关系，正是在小菜园建设过程中需要深入考虑的因素。

在当今的原子化社会中，如何通过物质空间的建设，重新粘合并重构社会关系，是当前面临的重要任务。在红塘村，师生团队在房前屋后建立有序的物质空间——小菜园，正是对这一任务的积极回应。房前屋后的小菜园不仅是物理载体，它更是一种手段，通过"里仁为美""睦邻友好"的小目标，逐步将邻里关系作为管理社会关系的基本单位。通过房前屋后的改造，动员户主、村民和村委共同参与建设，形成集体劳动，从而搭建一个有序的空间，并促进有序、亲密的社会关系的建立。在这一过程中，时间是最好的黏合剂，而实践是唯一的有效手段，将人们与物质空间紧密相连，并最终重构社会关系。当然，长时间积淀的社会关系不可能在短期内彻底改变，因此师生团队需要做好打持久战的准备。然而，这场持久战并不意味着师生们需要长期驻扎在红塘村。相反，师生们应适当地弱化自己的地位，发挥专业优势，使户主成为小菜园建设的主体，村委作为气氛带动的辅助角色，鼓励村民共同参与到小菜园建设的集体劳动中。通过这样的合作，每个人都为有序、美丽的物质空间贡献力量，也为有序、融洽的社会关系奠定基础。

二、共同劳动中的社会关系重构：小菜园建设的实践探索

在小菜园的建设过程中，村民之间、师生团队与村民之间，以及师生团队内部的关系都得到了显著改善，展现出共同劳动对社会关系重构的积极作用。实践不仅化解了原有的矛盾，也为重塑社区内部的互信与合作奠定了基础。

首先，村民之间的关系因共同劳动的开展得以重构。以杨大哥为例，在小菜园建设初期，最初只有他和龙老师两人参与，杨大哥一度表现出畏难情绪。然而，随着新成员和更多师生的加入，杨大哥逐渐转变态度，从被动参与转变为主动贡献力量，情绪高涨。他不仅全力完成自己家小菜园的建设，还积极帮助改造张老师家的小菜园，并表示愿意在后续的小菜园建设中提供指导。目前，杨大哥已将这一承诺付诸实践，利用自己小菜园中的花卉为其他村民提供种植材料，促进后续项目的顺利开展。这种共同劳动不仅创造了有序的物质空间，也为村民之间的互动提供了新的场所和契机。在劳动中，村民通过互助合作，逐渐深化了彼此间的社会联系，为红塘村构建有序的社会关系提供了有效路径。

其次，师生团队与村民之间的关系也发生了从陌生到互信的转变。初期，研究院团队与杨大哥一家以及其他村民的关系较为疏远，部分村民仅通过第一家小菜园项目对团队有所了解。然而，在杨大哥家小菜园的设计与建设过程中，研究院团队与杨大哥一家紧密合作，通过深入探讨项目方案，细化施工细节，逐步建立了互信与合作。包括竹子挡墙的高度与弧度、鸡棚围栏的设计、红砖铺砌方式等方面在内的讨论，都反映了师生团队与户主之间的密切协作。师生团队提供美学设计思路，杨大哥及工匠则在技术上给予了宝贵的反馈与帮助。在这一共谋共建的过程中，师生团队不仅回归实践，还从村民和工匠师傅身上学到了诸如碎石道路铺设、鹅卵石墙体修边、红砖铺砌方法等地方性建设技术。通过这种共同劳动，师生团队与村民的关系逐渐从陌生走向互信，实现了彼此间的相互学习和文化交流。

最后，师生团队成员之间的关系在小菜园项目的推进过程中也得到了深化与巩固。最初，团队成员彼此并不熟悉，但随着设计与施工的展开，大家通过分享各自的想法和意见，在建设方案的讨论和实践中形成了有效的合作机制。共同劳动中的相互支持与经验交流，不仅提高了工作效率，也在无形中增强了团队的凝聚力。休息期间，大家相互分享学习经历和兴趣爱好，进一步加深了对彼此的了解。语言和沟通在这一过程中发挥了重要作用，通过彼此间的认可和支持，团队成员之间的信任关系逐渐建立。在团队协作中，除了共同承担小菜园建设这一核心任务，大家根据自身特长进行合理分工，还负责直播宣传、摄影记录等工作，共同推动项目的进展。随着每项小工程的完成，团队师生脸上洋溢的笑容表达了他们对劳动成果的喜悦和对共同目标的认同。小菜园建设不仅成为团队凝聚力提升的基点，也在共同劳动中促进了师生之间的情感联结与信任构建。

通过小菜园项目的实践，师生团队不仅在红塘村构建了有序的物质空间，还通过

共同劳动有效促进了社会关系的重构。物质空间的建设不仅限于物理层面的改变，更是一个社会过程，它重塑了村民与村民、师生团队与村民以及团队成员之间的社会关系。在这一过程中，共同劳动成为黏合剂，将不同个体、不同群体之间的信任与合作逐步累积起来，进而为红塘村的社会关系注入了新的活力。

一个小菜园的建设提升了张大姐家房前屋后环境的品质，为村里提供了一处美丽的风景；三个连片的小菜园建设，则在村内连成一道靓丽的风景，改善了红塘村的人居环境，也改善了村内的社会关系，拉进了村民与村民、村民与村委的关系，使得村内生活更加融洽，村委更好地管理村庄。前任村支书郭洪生说："小菜园，大变化！小菜园承载的不仅是一家一户的房前屋后改造，'共同缔造'把我们的村民与村委联系起来，集体的力量是伟大的。"此处借用前驻村第一书记张良友的一句话，"小菜园变化相当大，是大家共同完成的。人多力量大，这么短时间内就把这么一大块杂乱的空间收拾出来了。我们希望通过做好小菜园有效提升红塘村整体的人居环境，这是村委和大家共同的意愿。这不仅是践行乡村振兴战略的重要举措，更是提升村民对'美'的感受、增强村民幸福感、提升村庄凝聚力，从而改善社会关系的重要契机。"

（刘锦峰　2022级城乡规划硕士研究生）

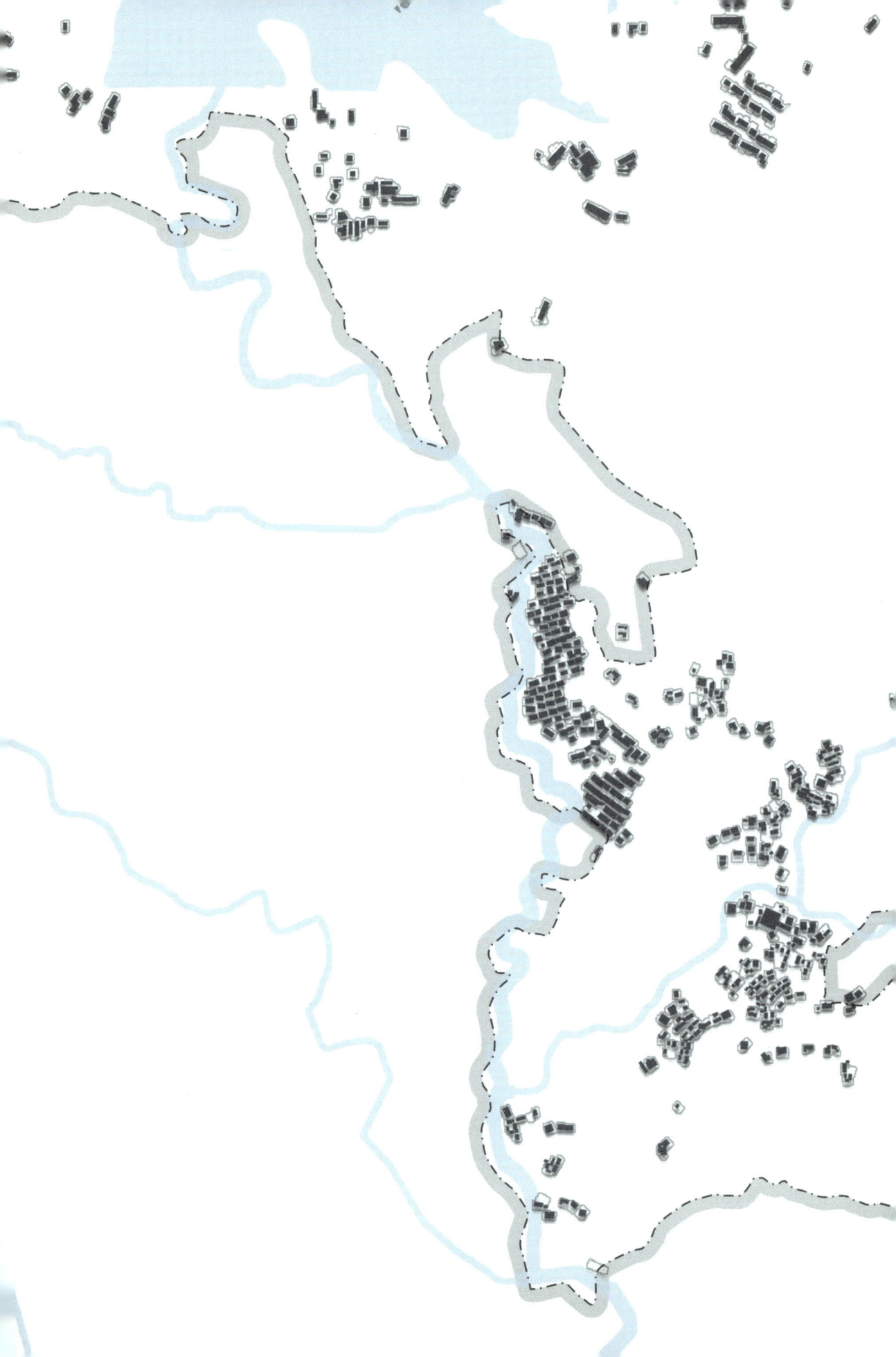

共同的力量

结语

党的二十大报告强调，必须坚持在发展中保障和改善民生，鼓励共同奋斗创造美好生活，不断实现人民对美好生活的向往。研究院于 2021 年 10 月起进驻红塘村，持续、深入地开展调研工作，通过访谈、参与式观察、航空摄影测量、规划设计、在地共建等技术方法，实施"美好环境与幸福生活共同缔造"行动，以人居环境与产业发展为抓手，从村民身边的小事做起，以房前屋后、村头村尾为切入点，发动村民、组织村民，在建设小菜园的共同行动中凝聚共识，重塑乡村社会关系，实现乡村有效治理，缔造宜居宜业和美乡村。《美丽乡村·共同缔造——从南粤云吟到滇西红塘，跨越 2000 公里的乡村共建共治共享》案例从 70 所直属高校申报的项目中脱颖而出，成为教育部直属高校第七届精准帮扶和创新试验典型项目获奖案例之一，位列"创新试验"赛道第二名。

研究院运用"共同缔造"的理念和方法，与村干部、定点帮扶工作组、村民等多方主体共同组建了共同缔造工作坊，以此为抓手开展共同缔造行动。共同缔造的"共同"观念与乡村集体所有制的实际相契合。集体所有意味着乡村建设需要从集体利益出发，以人民为主体，发挥集体力量，激发集体经济发展的内生活力，实施"共建、共管、共治"的乡村建设治理模式。房前屋后环境的改善，激发了群众共同参与美好人居环境建设的热情，凝聚了群众的力量，为基层组织发挥作用奠定了良好的基础，进而将村庄环境的美化提高到全域范围。

研究院充分利用交叉学科背景，发挥专业所长，多维推进乡村建设与乡村治理。在乡村建设和规划的全周期中，从实地调研、项目策划、方案设计到项目落地实施，研究院充分发挥在乡村建设领域的交叉学科特长、专业优势与实践经验，以线上微信群聊与线下驻点跟踪相结合的形式，持续跟进红塘村乡村建设情况，定期回访了解乡村治理成效；同时，团队开发了"村景拍拍"小程序，赋能乡村智慧治理，促使"红塘实验"具有科学性、在地性、可持续性。

研究院师生扎根乡村，深入调研，与村民共同劳动、共同建设。实践证明，以决策共谋、发展共建、建设共管、效果共评、成果共享"五共"为核心的共同缔造，不仅是一套可复制、可推广的乡村建设范式，更是一种双向促进的人才培养创新模式。与此同时，团队利用抖音、微信视频号、微信公众号等媒体平台宣传推广，扩大乡村建设影响力。凤庆县红塘村乡村规划与建设的推广价值主要包括以下几点。

一套可复制、可推广的乡村建设范式。共同缔造的"五共"乡村建设方法，不仅能改善人居环境，共建美好家园、共享幸福生活，还能推动乡村治理现代化，实现"共建共治共享"的社会治理格局，激励村民们自觉参与人居环境建设成果的维护和管理。

一个美丽乡村共同缔造的工作标准。构建起高水平、全方位、多层次的工作标准，建立健全纵向到底、横向到边、党群充分参与的乡村治理长效机制。统筹制定对口帮扶的方案和目标，并定期开展成效评估，持续改善。

一种双向促进的人才培养创新模式。一方面，将乡村振兴主战场变成立德树人大课堂，组织不同学科背景的师生全面参与乡村建设，推动学生在了解国情民情农情的过程中受教育、长才干、做贡献。驻红塘村学生们表示："作为学生，共同参与村庄的建设，向村民学习了如何砌砖、就地取材垒墙等技巧，更重要的是在建设过程中看到互帮互助的力量。"另一方面，充分发挥高校对高水平人才的虹吸效应，通过双向促进推动人才回流乡村，为乡村振兴提供智力"新引擎"，为乡村发展注入不竭"新活力"。

一把点亮乡村振兴道路的星星之火。有别于传统的"输血"式乡村建设，"共同缔造"范式以"共谋、共建、共管、共评、共享"为核心内容，通过凝聚民意、民力、民智、民声、民心，激发群众参与乡村建设的积极性、主动性和创造性，实现乡村的自我"造血"，是可复制、可推广的乡村治理实践，是巩固拓展脱贫攻坚成果的内在要求，是全面推进乡村振兴的有益探索。

未来，还将有更多力量参与到红塘村的乡村振兴中来，"美丽红塘·共同缔造"，正在进行时！

美丽红塘　共同缔造

各方主体对红塘村人居环境提升的感受：

"通过共同缔造，我们看到村民从最初的观望到逐步参与，每一项设施的改善都凝聚了全村的智慧与力量。共同缔造不仅仅是村庄环境的提升，更是村民凝聚力的体现。"

（凤庆县挂职副县长郭瑞）

"红塘村的实践让我感触颇深。共同缔造，不仅改善了村容村貌，更提升了村民的幸福感和归属感。这种模式将基层党组织的领导力量与村民的主动性紧密结合，形成了自下而上的良性互动。"

（凤庆县前挂职副县长张哲）

"我深刻感受到村民们对美好生活的向往与热情。通过共同缔造，我们从村民的实际需求出发，挖掘村庄的特色资源，让村民参与其中，亲手创造他们的生活环境。"

（红塘村前驻村第一书记黄鑫）

"共同缔造给村干部的乡村建设工作提供了很好的办法，与村民充分的双向沟通，激发了他们的内生动力，村民们从'等、帮、扶'转变为愿意'共同参与做好一件事'。"

（红塘村前驻村第一书记张良友）

"张大姐家的小菜园给其他村民带来的正外部性正转化为红塘村人居环境改善的内生动力，共同缔造的'益生菌'快速地发挥了作用，也是我们探索乡村自治机制的重要一步。"

（红塘村党总支书记郭洪生）

"村干部动员左邻右舍的村民参与到我家小菜园建设，我很感动，也感受到村庄的凝聚力增强，村民乃至整个村庄的精神面貌都提升了。"

（红塘村"房前屋后"改造第一个小菜园试点户主张国凤）

"作为学生,我和村民一起参与村庄的建设,用专业能力服务乡村,从村民身边的小事入手,向村民学习,在建设过程中深入了解了国情社情农情,激发了责任感和使命感。"

(驻村学生2020级人文地理学博士研究生龙晔)

"菜园虽小,能量不小。在建设小菜园过程中,除了村民们的房前屋后环境逐渐美化外,村内的社会关系也更加向美向善。搬砖时搭一把手,路过时闲谈一句话,建好后坐下慢慢欣赏,美好环境与幸福生活通过共同缔造焕发而生。"

(驻村学生2022级人文地理学硕士研究生颜嘉玲)

"作为一名研一学生,我通过共建小菜园的亲手劳作,体会到了规划知识和乡土大地的密切结合。规划设计过程其实是寻找和建立空间秩序的过程,这里的空间包括物质空间和社会空间。小菜园的改造使村民认知到更有秩序和更具美感的人居环境,并通过集体的劳动,在无形中促进了有序的社会关系的形成。"

(驻村学生2022级人文地理学硕士研究生侯先昱)

"作为参与者,我认为建设小菜园的过程是充满意义的。我们与村民从需求讨论,到方案成型、实际落地都一起出力,共同劳动,最后大家共同维护、共同享用,我深知每一个小菜园的建成都来之不易。作为设计者,我在与村民共同缔造的过程中,不仅为自己的想法能提升红塘村的人居环境感到自豪,还在与村民的商量中学习到当地植物取材要点、垒砖排水技巧等知识,收获颇丰。"

(驻村学生2022级城乡规划硕士研究生李晓盈)

"通过参与张大姐家小菜园共同缔造,我从实践角度深刻理解了空间对社会关系的塑造作用。从一开始只有我们几位同学在忙活,到改造过程中不断有村民停下来观看、交流,主动提供改造材料、带来瓜果零食,甚至出力帮忙垒墙,村民自发参与的过程说明了小菜园的共同缔造能够促进村庄社会关系的改变。这是由于小菜园既是村民日常生活中最熟悉的空间,融合了村民的日常生活和生产;又具有社会属性,

半开放的空间特性使得路过的人都能够在这个空间中与人互动、与空间互动。在小菜园的建设实践,一方面提升了村庄的治理水平,让村民之间联结了起来,人与人之间更和谐了;另一方面也改善了村庄的人居环境,使得村庄宜居度大大增加。"

(驻村学生2020级人文地理学博士研究生郑莎莉)

"小菜园是大家一起建起来的,大家倍感珍惜。看到小菜园都能想起在红塘村大家不分你我、一起出谋划策、出工出力的身影。小菜园越来越成为红塘村的文化符号,代表了红塘村和睦邻里、共同缔造的传统。小菜园建好了,美丽乡村也就能建好了。"

(驻村老师人文地理学博士后黄耀福)

"和我们以往做的规划不一样,从小菜园这一个个小空间做起的规划设计与建设把村民、村委、师生都囊括进来,每一个人都在共同劳作的过程中为实现美丽红塘的愿景而努力,邻里、集体的社会关系也发生了改变,大家有力一起出,有活一起干,在共同缔造的过程中从外到内地塑造美丽乡村。"

(驻村学生2020级城乡规划硕士研究生莫樊)

"作为规划专业的学生,我与村民共同参与了小菜园建设的全过程。在平面设计图上,一个圆圈代表一根竹子的横截面,一排竹子围墙就像横躺在图纸上的一条串珠项链。为了把这串"珠链"镶嵌进小院,我们和村民一起爬山路、扛竹子,在小院里反复推敲怎么摆放更美观,还要考虑如何养护、防止竹子泛黄。在这一个个小菜园的建设过程中,越来越多的村民了解到共同缔造的理念,积极找到团队或村委报名参加小菜园建设,可持续力量也在共同缔造中产生和传递,我们切身感受到空间的有序真的在推进社会的有序。"

(驻村学生2022级城乡规划硕士研究生黄妍)

"从纸上的理论知识到地里的实践真知,共同缔造给红塘村人居环境带来的提升深切可感。一家家、一户户的房前屋后空间从杂乱变得有序,从荒芜变得美丽,从封闭变得开放。我们与村民也在同作同食中建立了深厚的友谊,邻里也在共享房前屋后美好环境中加强了和睦的关系,共同缔造仍在红塘村接下来的人居环境提升中发挥效力。"

(驻村学生2021级人文地理学硕士研究生陈金凤)

结　语

"共同的目标把大家聚在红塘村，共同劳动拉进了彼此之间的距离，小菜园物质空间的建立就如一个基点一般。大家在共同劳动的过程中传递着信任和关怀，这不仅仅是一个个有序的物质空间的搭建，更是心灵上的构建。"

（驻村学生2022级城乡规划硕士研究生刘锦锋）

"张大姐家的小菜园建设在整个红塘村内起到了很好的示范带动作用。在建设过程中，我深刻地感受到了村民们参与村庄建设的热情和积极性，以及越来越多的村民愿意参与到红塘村的建设中来，大家一起为村庄人居环境改善出谋划策、出工出力，发挥'共同的力量'！"

（驻村学生2023级人文地理学博士研究生潘沐哲）

"其实一开始我并不理解老师在乡村中首先进行景观改造的做法，但在亲身参与小菜园建设的过程中、与村民面对面交流沟通后，我深刻体悟到了老师们的良苦用心。我们以景观改造为抓手，构建起与村民深度融合的桥梁，在不断感知村民所念所想、不断进行共同缔造的过程中打造环境美好、治理有效、生活幸福的美丽乡村。"

（驻村学生2022级人文地理学硕士研究生邓鑫）

"作为学生，我们难得有机会能与村民一同参与到小菜园的前期设计、中期施工、后期维护的全过程。从书斋走向田野，设计不是'一厢情愿'的静态图纸，而是在与不同主体利益协调中得出来的动态'最优解'。在砖石垒砌之间，我们持续地与当地村民交流学习，感受着我们与村民、村民与村民间的关系在劳动建设中的变化，共同推动小菜园设计向社会设计转变，帮助村民们凝聚力量建设美好家园。"

（驻村学生2022级城乡规划硕士研究生谭舒颖）

附录 1

凤庆县凤山镇红塘村人居环境提升"以奖代补"实施办法

第一章 总 则

第一条 为充分调动红塘村村民参与人居环境提升的积极性，按照"决策共谋、发展共建、建设共管、效果共评、成果共享"的工作原则，结合本村实际，制订本办法。

第二条 由红塘村党支部、红塘村村委会、红塘村村民、中山大学定点帮扶工作队共同组成红塘村"共同缔造工作坊"，对红塘村人居环境提升"以奖代补"工作进行讨论。

第三条 本办法适用于红塘村辖区范围内、以村民为主体、村民自愿参与的人居环境提升建设。人居环境提升奖励的内容包括房前屋后的小花园、小菜园、小果园、小公园建设。房前屋后人居环境提升项目的占地面积不小于 30 平方米。

第二章 奖励条件

第四条 村民以户为单位申请人居环境提升奖励资金。未完成水冲式厕所改造的家庭户，不能申请该奖励资金。

第五条 申请主体必须投工投劳，农房家庭须亲力亲为地参与到人居环境的具体建设活动中。红塘村委会对农户家庭投工投劳情况进行不定时的监督与检查。

第三章 奖励标准

第六条 红塘村对人居环境提升项目农户投工投劳工钱与材料费用进行奖励，奖励金额根据项目占地面积计算，奖励标准为 50 元/平方米。每个项目的奖励金额不超过 6000 元。

第四章 管理规定

第七条 申请农户与施工团队须在改造过程中自觉遵守安全生产有关规定，保证改造后的人居环境提升项目符合安全要求和使用质量标准。申请农户与施工团队对在施工过程中的安全责任和施工质量负有共同责任。红塘村村委会不承担安全和质量责任。

第八条 红塘村村委会对人居环境提升项目建设工作进行安全监管。

第五章 项目流程

第九条 由项目建设农户向红塘村村委会提出书面申请，由红塘村村委会确认。

第十条 中山大学定点帮扶工作队与提交申请的农户共同进行人居环境改造的方案设计,由红塘村"共同缔造工作坊"对设计方案进行讨论并做出审核。

第十一条 项目开展。在项目开展过程中,申请主体需要如实记录材料购买费用并保留相关票据,以及记录申请主体投工投劳具体日期及工作天数。

第十二条 审核通过后,农户及施工团队对项目进行建设。项目完工后由红塘村村委会进行验收。验收时间为设计方案审核通过后的一个月内。

第十三条 项目由红塘村村委会组织验收合格后,由红塘村村委会按标准向农户支付奖金。

第十四条 红塘村村委会按照各农户人居环境提升项目验收的先后顺序进行奖励,直至红塘村人居环境提升专项资金用完为止。

第六章 附 则

第十五条 本办法由红塘村村委会负责解释。

第十六条 本办法自颁布之日起实施。

凤庆县凤山镇红塘村村民委员会
2022 年 5 月

附录 2

凤庆县凤山镇红塘村"小花园、小菜园"可持续建设推进办法（讨论稿）

第一章 总 则

第一条 为充分调动红塘村村民参与人居环境提升的积极性，促进房前屋后小花园、小菜园建设可持续发展，按照"决策共谋、发展共建、建设共管、效果共评、成果共享"的工作原则，结合本村实际，制订本办法。

第二条 由红塘村党总支、红塘村村委会、红塘村村民代表、中山大学定点帮扶工作队共同组成红塘村"共同缔造工作坊"，对红塘村"小花园、小菜园"建设工作进行讨论。

第三条 本办法适用于红塘村辖区范围内、以红塘村村民为主体、村民自愿参与的房前屋后小花园、小菜园建设。

第二章 可持续发展机制

第四条 引入产业，利用经济效益带动村民建设与维护小花园、小菜园的积极性。村委可主动"引流"，导入资源，尤其是中山大学资源。可在小花园、小菜园发展农家乐，蔬菜、花卉供应等，刺激村内消费，带来实际的经济效益，激励村民建设与维护小花园、小菜园。

第五条 积极培养本地工匠。申请主体必须投工投劳，农房家庭须亲力亲为地参与到人居环境的具体建设活动中。应充分发挥本地工匠的作用，尽可能地培养本地和本村的工匠。

第六条 村委深度参与，充分发挥带头作用。在举行小花园、小菜园开工仪式时，村委到场参与建设，营造互帮互助的氛围，鼓励村民参与；村委持续跟进建设进度，监督管护质量，及时与团队反馈交流。

第七条 推动小花园、小菜园建设传递。鼓励已建好小花园、小菜园的户主到下一个小菜园指导、帮忙；鼓励邻里之间赠送、交换园内蔬菜、花卉、瓜果，弘扬邻里互助精神。

第八条 定期开展共评。由村民、村委会和中山大学技术团队等共同参与小花园、小菜园的评比，作为验收和奖补资金发放的依据，促进小花园、小菜园管理维护。每次评比选出当期最美小菜园，按照积分制给予一定奖励。

第三章　以奖代补机制

第九条　根据现已发布执行的《凤庆县凤山镇红塘村人居环境提升"以奖代补"实施办法》，对经过验收的小花园、小菜园进行奖补，奖补标准不变。

第十条　奖补资金分两次发放，验收通过后一次性发放总金额的80%（建成部分），剩余20%（管护部分）将在验收后根据当年考核结果进行发放。验收通过后，由村两委成员、村民代表及中山大学团队成员共同对植物种植、设施和维护状况等进行考核，综合考评通过后发放剩余奖补金额。未满足条件的暂缓发放，顺延至达到标准后发放。

第四章　附　　则

第十一条　本办法由红塘村村民委员会负责解释及执行。

第十二条　本办法自颁布之日起实施。

凤庆县凤山镇红塘村村民委员会

2024年5月16日

附录 3

红塘村房前屋后"小花园、小菜园"共评规则

总体原则

有硬地、有泥地,地地有景;硬地边、土地边,边边要直;
高种花、低种菜,绿肥红瘦;花成簇、菜成块,方圆天地。

为促进小花园的可持续发展、保持小花园的整洁有序,每年举办两次小花园共评,由所有小花园户主、村民、村委会、中山大学师生共同给待验收和已验收的小花园投票、打分。

1. 对当期提出验收申请的小花园投票,确定其是否满足验收条件,作为以奖代补资金(建成部分)的发放依据。
2. 对已验收的小花园,将总得分前30%(不超过5个)的小花园评为当期最美小花园,予以挂牌等奖励。

注:对于2024年后验收的小花园,以奖代补资金分为建成部分和管护部分,之前的已全额发放。

评分要点(满分100分)

1. 美观:搭配种植,四季花开,管理精细,成行成排。
2. 整洁:地面整洁,走道通畅,没有杂草,不见垃圾。
3. 管护:定期维护,经常修剪,修复围栏,清除杂物。
4. 特色:树木葱茏,色彩斑斓,花果飘香,邻里共享。

附录 4

红塘村农户调查问卷

所属自然村：_____
所属村小组：_____
户主姓名：_____

一、家庭人口情况

1. 家庭成员基本信息（请填写所有家庭成员的信息，包括县外务工人员和仍在读书的学生）。

家庭人口总数_____人，18 岁以下_____人，18～65 岁_____人，老人（65 岁以上）_____人。其中，劳动力（18～65 岁、有工作或务农的）人数_____人，在县外务工的劳动力人数_____人，仍在读书的小孩（包括大学生）_____人。

成员	性别	年龄	工作情况	是否在村内常驻	接种疫苗情况
成员 1					
成员 2					
成员 3					
……					

2. 家庭成员参保情况

家庭成员中，参加城乡居民基本养老保险的有_____人。
家庭成员中，参加农村居民基本医疗保险的有_____人。

续上表

二、农房建设与配套设施

3. 农房建设年份：_____年，当时建设成本_____万元
4. 是否翻新过：_____（是或否）
   a. 翻新年份：_____年
   b. 翻新成本：_____万元
5. 农房层数_____层，首层面积_____平方米，共有_____房_____厅
6. 建筑结构：
   a. 砖混结构（预制板）　　　b. 砖混结构（非预制板）　c. 框架结构
   d. 轻钢结构　　　　　　　　e. 竹木结构　　　　　　　f. 石砌
   g. 其他：_____
7. 是否长年闲置：a. 是　　b. 否
8. 是否有裂缝、倾斜等房屋安全问题：a. 是　　b. 否
9. 今年是否有进行房前屋后的人居环境整治工作：a. 是　　b. 否
10. 农房有无以下设施（多项选择）：
    a. 自来水　　b. 独立厨房（只用作厨房的房间）　　c. 可热水淋浴的浴室
    d. 水冲式厕所（配置了水冲式马桶的厕所）　　e. 电暖器　　f. 空调
    g. 洗衣机　　h. 冰箱　　i. 宽带　　j. 天然气（不包括罐装液化气）
    k. 有线广播电视　　l. 太阳能电板
11. 家中厕所是否有化粪池_____（是或否），是否与村级污水处理管网或多户共用的大三格连通_____（是或否）。
12. 生活（做饭、烧水）燃料主要是（最多限选3项）：
    a. 电　　b. 天然气　　c. 罐装液化气　　d. 煤　　e. 薪柴　　f. 沼气
    g. 其他：_____
13. 冬季平均每月电费_____元，夏季平均每月电费_____元。
14. 平均每月水费_____元。
15. 平均每天产生生活垃圾_____公斤，是否会进行垃圾分类_____（是或否）。
16. 家中共有智能手机_____部（不包括县外务工人员）。
17. 家中交通工具的数量：汽车_____辆，摩托车_____辆，电动车_____辆。

三、就业与收入

18. 家庭年收入_____万元，其中：

续上表

a. 凤庆县城务工人员收入_____万元，县外务工人员收入_____万元。

b. 农业生产收入_____万元，其中种植茶叶的相关收入_____万元，种植中草药的相关收入_____万元，种植核桃的相关收入_____万元。

c. 在种植茶叶的相关收入中，种植有机茶的相关收入_____万元，参加茶合作社分红收入_____万元。

19. 您家中自有耕地（包含茶园等农用地）_____亩。

a. 其中，实际耕种土地_____亩，弃耕/撂荒（不包括轮种）耕地_____亩，转租给他人_____亩。您家中承包他人耕地_____亩。

b. 耕种的作物主要是_____，其中茶叶的种植面积有_____亩，已种植茶叶但未采摘的面积有_____亩；黄精的种植面积有_____亩，金丝黄菊的种植面积有_____亩。

c. 是否有使用化肥____（填"是"或"否"），若有使用，使用化肥的土地面积_____亩，使用的化肥种类_____，年使用量是_____公斤。

20. 是否曾是贫困户？_____（"是"或"否"）

a. 若曾是贫困户，脱贫前的家庭年收入为_____万元。

b. 具体实现脱贫的方式是_____。（例如，享受资金补助、在政府支持下发展生产和就业创业、外出务工等）

21. 是否加入村集体合作社？a. 是　　b. 否

四、教育与医疗

22. 子女教育情况（请填写家中所有仍在读书的子女信息）

成员	性别	年龄	年级	上学地点
子女1				
子女2				
子女3				
……				

23. 家庭成员健康情况（请填写家庭成员患有慢性疾病或重大疾病的情况，包括县外务工人员）

续上表

成员	性别	年龄	所患疾病	所需药品	购药地点	平均每月医疗开销	平均每3个月就医次数
成员1							
成员2							
成员3							
……							

24. 全家所有人上一年度去村卫生室就诊的次数总和是_____次。